船体解剖図

ナゾに満ちた
船の内部を大公開!

イラスト・文
プニップクルーズ／中村辰美

PUNIP cruises

はじめに

この本を手にとっていただき、ありがとうございます。

港や海などで見かける、日本の経済を支える大小の船舶… あのなかは一体どうなっているのか、気になったことはありませんか?

お客さんとして客船やフェリーに乗ったとしても、移動できるのは公共スペースと自分の部屋ぐらいで、船を操る操舵室やエンジンのある機関室、船長室などは伺い知ることは出来ません。

ましてや一般の人が乗ることのできない貨物船、タグボートや調査船といった船の内部はごくたまに行われる特別公開イベントにでも参加しない限りは謎に満ちています。

世の中には「乗り物」と呼ばれるものは数多く存在しますが、船ほどそのなかで衣食住の生活を営めるものは他に見当たらず、そこでは船を預かる船長を頂点として一つの社会が築かれています。

そんな船という特別な乗り物の内部を、表皮を切り開く解剖のように図解してみました。

さあ、謎のヴェールに包まれた船の世界をちょっと覗いてみませんか?

［ご注意］
解剖図は過去に存在した2隻の船を除き、執筆した2021年(令和3年)8月現在における各船舶の状態を描いています。
各部屋、調度品、艤装品、機器類等の配置、数、色合い等はあくまでもイメージであって正確なものではありません。またそれらには原則として各々の船で使用されている名称を書いていますが、操舵室(ブリッジ・船橋)、ファンネル(煙突)、ギャレー(厨房・調理室)は統一しています。
メインエンジン(主機)の出力は読者の混乱を防ぐため、新しい船も全て馬力表記に統一していますが、電気推進船のエンジン(発電機)だけはキロワットkw表記をしています。

第1章 1 乗るフネ

セブンアイランド結

第2章 2 働くフネ

魁（さきがけ）

海王丸 (2代目)

宗谷

船体解剖図

CONTENTS

第 1 章

乗るフネ

商船三井客船株式会社
外航クルーズ客船
にっぽん丸
（3代目）

戦前から絶えることなく続く美食の客船

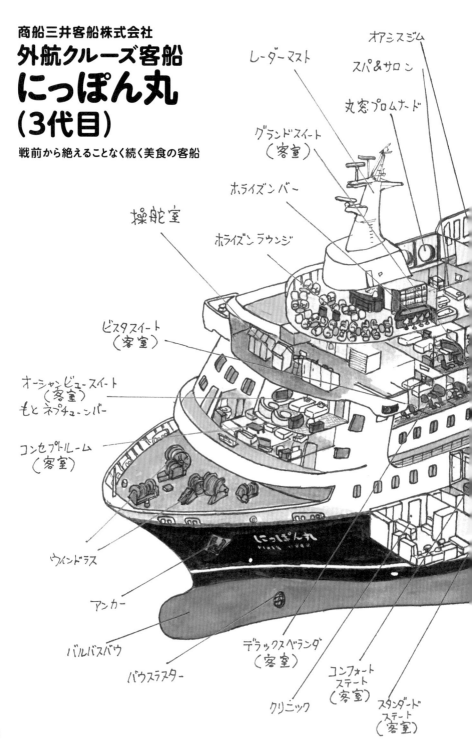

オアシスジム

スパ＆サロン

レーダーマスト

丸窓プロムナード

グランドスイート
（客室）

ホライズンバー

操舵室

ホライズンラウンジ

ビスタスイート
（客室）

オーシャンビュースイート
（客室）
もとネプチューンバー

コンセプトルーム
（客室）

ウインドラス

アンカー

バルバスバウ

バウスラスター

デラックスベランダ
（客室）

クリニック

コンフォート
ステート
（客室）

スタンダード
ステート
（客室）

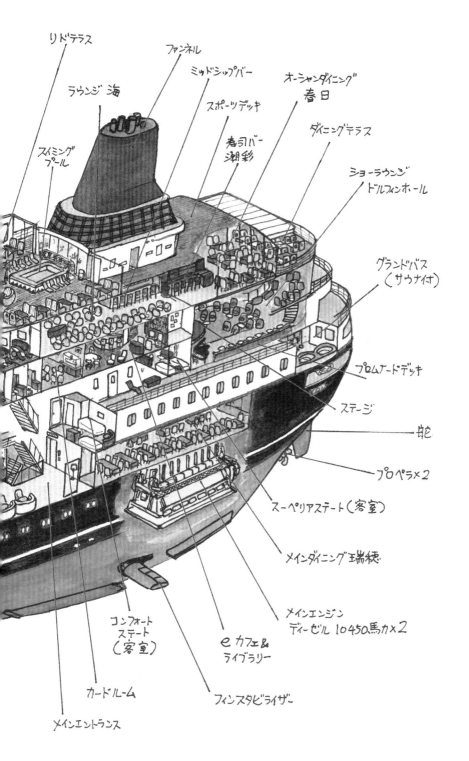

リドテラス

ファンネル

ラウンジ 海

ミッドシップバー

オーシャンダイニング
春日

スポーツデッキ

ダイニングテラス

スイミング
プール

寿司バー
潮彩

ショーラウンジ
ドルフィンホール

グランドバス
（サウナ付）

プロムナードデッキ

ステージ

舵

プロペラ×2

スーペリアステート（客室）

メインダイニング瑞穂

メインエンジン
ディーゼル 10450馬力×2

コンフォート
ステート
（客室）

e カフェ&
ライブラリー

カードルーム

フィンスタビライザー

メインエントランス

古き良きクルーズ黎明期の良さを今に伝える

　一般的に船舶の寿命は十数年から二十年ぐらいと言われているが、用途が特殊で船内のメンテナンスもしっかりしているクルーズ客船は大きさを問わず、かなり長命であることが知られている。

　日本にたった3隻しかない外航クルーズ客船も、このにっぽん丸と飛鳥IIは建造からもう30年以上を経過し、まだまだ新しい船と思っていた、ぱしふぃっくびいなすでさえいつのまにか23年という月日が流れている。

　そんな中、このにっぽん丸は11年前にちょっと見るとまるで別の船と思えるぐらいの大改装工事を施し、延命措置を講じたのはクラシック客船ファンの私にとっては実にうれしいところ。しかもたいてい客船の大改造というのはオリジナルよりだいぶ醜くなることが多い中で大成功した稀有な例と言っていいと思う。

　ただ、元々が企業や団体のチャータークルーズを目的に建造された、同じ商船三井客船のふじ丸(1989年建造、2013年引退)がベースとなり、用途を個人向けレジャークルーズ船として完成した船だけに、ベランダ付き船室が少なく(建造当時は全く無かった)、船内の公室配置がわかりにくいなどひと昔前の船ならではの欠点もあるが、まるで観光地の老舗高級温泉ホテルに宿泊しているような気取らない安心感と落ち着きがある。

バラエティに富んだ客室と天下一品の食事

　船室も最高級の一泊20万円以上するような79㎡のバトラー付きグランドスイートから、

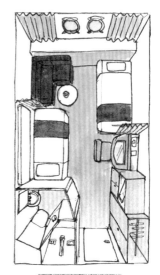

スタンダードステート

喫水線に最も近い1Fデッキにある14㎡の最も低価格の客室。この一つ上のコンフォートステートは角窓になる。どちらも収納式二段ベッドの使用で3人までの宿泊が可能。

上の絵のような今時のクルーズ客船では絶滅危惧種と言っていい、最下層の丸窓の部屋までバラエティに富んでいる。私なんぞはこの狭い客室が大のお気に入りで、昔ながらのデザインの分厚いガラス窓の向こうに波しぶきが舞い散る様子を見ていると、いかにも船に乗っているという船乗り気分が沸き上がって至福のひと時となる。しかも3名一部屋で乗れば、高い!と言われている日本船によるクルーズも短期間ならリーズナブルな料金で楽しみことが出来る。もちろんそうは言ってもひとり一泊4〜5万円はするので外国船のクルーズに比べると高いことには違いないが……。

　食事は全てクルーズ料金に含まれていて通常のかなりハイグレードな三食のほかに、最上デッキのプールサイドにあるリドテラス

では黒毛和牛のハンバーガーやホットドッグが食べられ、しかも夜食まで用意されていて、どれも信じられないぐらい美味しい。

さらに、このリドテラスでは街で600円以上するゴディバのチョコレートドリンクのショコリキサーが飲み放題なのも甘党にはうれしいところ。ただし残念ながらお酒は出港時のウェルカムドリンクを除いて有料であるのであしからず。

一度、上級キャビン優先のオーシャンダイニング春日でディナーをいただくという経験をしたことがあるが、その高級食材の量と美味たるや半端なものではなかった。こんな料理で数十日間もクルーズしたらそのお腹に脂肪がついて大変なことになるなと自分には全く無縁の心配をしてしまう。

もっともそういうことを防ぐために屋上デッキにはウォーキングトラックがあり、各トレーニングマシンも完備されたエクササイズルームもあるわけだが……ものぐさな私はたぶんやらない。

本格クルーズの醍醐味

航海中は船内の至るところでエンターテイナーによるショーやらカルチャースクールやらゲーム大会やらのプログラムが絶えず行われていて退屈する心配は全くない。

もっとも私の場合、クルーズ船という最高の空間にいながらにして見られる荘厳な日没や日の出、満天の星空、そして行き交う船や美しい島々を眺めるのがクルーズでの最高の楽しみだと思っているのでこういうプログラムに参加することはあまりない。

そんなこのにっぽん丸も含めて、ぱしふぃっくびいなす、飛鳥Ⅱといった日本のクルーズ客船は国内クルーズの設定が主なので、当然パスポートは必要なく、ワンナイトや二泊三日といった比較的休みの取りやすい短期のクルーズも数多く実施している。

もとは日本郵船系のアメリカ客船だっただけに欧米の本格的クルーズ気分が味わえる飛鳥Ⅱ、最も若々しくお洒落でカジュアルな雰囲気でとっつきやすいぱしふぃっくびいなすと、どれも全く違う個性をもつ船たちなのでお好みに合わせて一度試しに乗船されることをお勧めしたい。

にっぽん丸
（3代目）

主要目	1990年三菱重工業神戸造船所建造
	総トン数22,472トン　全長166.6m　幅24m
	旅客定員532名（最大）　航海速力18ノット
	国内および海外を不定期に宿泊を伴うクルーズで就航中

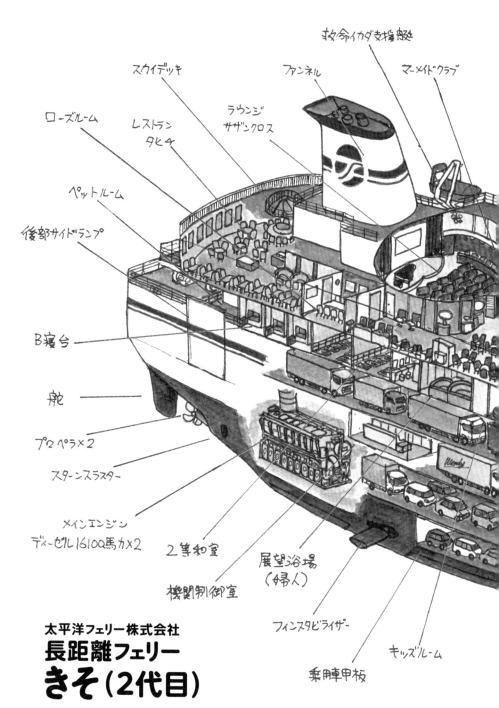

救命イカダ支持艇[?]

スカイデッキ

ファンネル

マーメイドクラブ

ローズルーム

レストラン
タヒチ

ラウンジ
サザンクロス

ペットルーム

後部サイドランプ

B寝台

舵

プロペラ×2

スターンスラスター

メインエンジン
ディーゼル16100馬カ×2

2等和室

機関制御室

展望浴場
（婦人）

フィンスタビライザー

キッズルーム

乗睡甲板

太平洋フェリー株式会社
長距離フェリー
きそ（2代目）
今、国内で最もデラックスな長距離カーフェリー

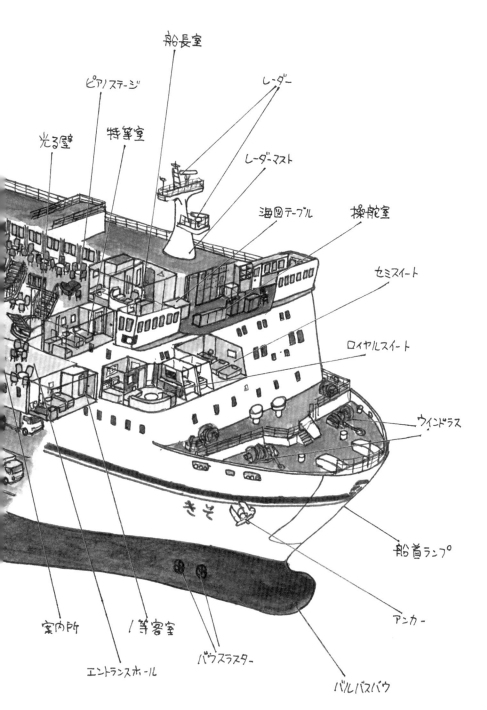

船長室

ピアノステージ

レーダー

特等室

レーダーマスト

光る壁

海図テーブル

操舵室

セミスイート

ロイヤルスイート

ウインドラス

きそ

船首ランプ

アンカー

案内所

1等客室

バウスラスター

エントランスホール

バルバスバウ

赤を基調にした豪華なインテリアと
バラエティに富んだ客室

　日本の豪華長距離フェリーの代名詞ともいうべき太平洋フェリーの船たち……仙台〜苫小牧航路専用の新造船の2代目きたかみはそんな豪華さからは少し方向転換してしまったが、きそといしかりの姉妹船による名古屋〜仙台〜苫小牧航路は少し船が古くなってきたとはいえ、他社をしのぐ圧倒的にデラックスな公室関係のインテリアを誇り、主なパブリックスペースは27メートルの船幅を一杯に使っているため、そこそこ大きなクルーズ客船に乗っている気分が味わえる。

　実際、日本のカーフェリーは車両甲板を容積である総トン数に加えないため、同等サイズのクルーズ客船より小さい値になっているが、実際には彼女も3万トンをはるかに超える総トン数なはずである。

　いまや一番の古株となってしまったこのきそは、エンジンによる振動こそ大きく古さを感じるものの、南太平洋のタヒチをイメージした情熱的な赤を基調にしたインテリアは、私個人的には白と青で地中海をイメージした、いしかりのインテリアより好ましく感じられる。

　客室は最上級のロイヤルスイートから昔ながらの大部屋である2等和室まで11タイプとかなり細かく分かれている（料金的には9タイプ）。

　特筆すべきはやはりロイヤルスイートで、広いリビングとベッドルーム、そして船首に向いた角窓まで備わったバスルームはとても国内航路のカーフェリーとは思えない。そんな部屋がたった1室しかないため当然人気も抜群で、オンシーズンや休日の予約を取る

ロイヤルスイート

広さ52㎡は姉妹船いしかりと並び国内のカーフェリー最大の個室。この部屋を含めて4部屋あるスイートルームは乗船期間中、レストランでの全ての食事がサービスでついてくる。

のは難易度がかなり高いのは言うまでもない。

繰り広げられる船内イベントと
定評のバイキング

　午後7時、きそは名古屋港金城ふ頭を離岸、ほぼ同時刻に船内のメインレストランではこの航路名物の豪華バイキングが開始される。

　かつてほどの豪華さは無くなってしまったが、種類、量、味ともまったく申し分なく、ついつい食べすぎてしまうのは用心しなければならない。

　食後のシアターラウンジでは様々なジャンルのアーティストによるラウンジショーが行われる。ここはほかの日本のフェリーには存在しない2層吹き抜けでステージを持つかなり広く本格的なもの。ただしこの記事執筆当時はコロナ禍により休止中であった。

　船内のイベントとしてはこのほかに映画の上映もあるのだが、やはり見逃せないのが名古屋〜仙台間の14:30前後の三陸沖で姉妹船とのすれ違いだろう。事前に船内放

送が流れるとデッキには多数の乗客が溢れ、やがて左舷前方から、相手の船の乗客の手を振る姿が見えるぐらいの距離で巨大なフェリー同士が汽笛を鳴らしながらすれ違うのはまさに圧巻だ。これだけ近くに寄ってすれ違うのは同じ船会社ならではのことだが、この時はお互い20ノットほどの速力で航行しているため、相対速度は時速換算で75kmほどになり、それこそあっという間に見えなくなるので、早めにデッキで待機することをお勧めする（私は一度、出遅れて遠ざかっていく船尾を眺めるだけという失態を犯している）。

ちなみに一見ほとんど同じに見えるこのきそとしかりの姉妹船。間違い探し的な視線で見るとかなり外観上も違いがあるのだが、一番わかりやすいのはデッキに装備してあるオレンジ色のボート（救命いかだ支援艇）の位置。左舷やや後方にあるのがきそ、右舷やや前方にあるのがしかりなのでそれを覚えるといいと思う。

各ターミナルの案内

名古屋～苫小牧間をフル乗船すると途中の仙台港はクルーズ船でいうところの途中寄港地という形になる。名古屋からだと16:40に到着して19:40に出港、苫小牧からだと10:00に到着して12:50に出港となり、その間どちらも2時間程度は船に申請して下船することが出来る。ターミナルの近くにはアウトレットパークやショッピングモールがあり、短時間ならショッピングして帰船することが可能である。ただし、くれぐれも戻り遅れには注意してもらいたい。

北海道側の出発点である苫小牧西港ターミナルは3社のフェリー会社が使用しているためかなり立派なターミナルビルを持ち、レストランや売店も充実している。さらには苫小牧港の歴史や歴代のフェリーの模型等を展示したミュージアムも併設されている。

この航路、フル乗船で2泊3日、40時間という長い船旅でありながら個室でも2万円前後から乗れるので、クルーズ船はやはりちょっとハードルが高いが、長い船旅はしてみたいという方はぜひ試していただきたい航路だ。

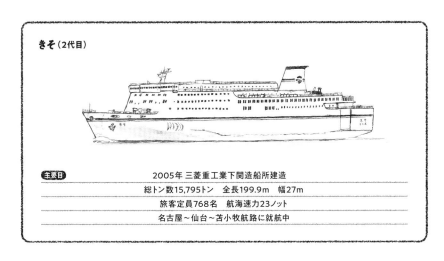

きそ（2代目）

主要目	2005年 三菱重工業下関造船所建造
	総トン数15,795トン　全長199.9m　幅27m
	旅客定員768名　航海速力23ノット
	名古屋～仙台～苫小牧航路に就航中

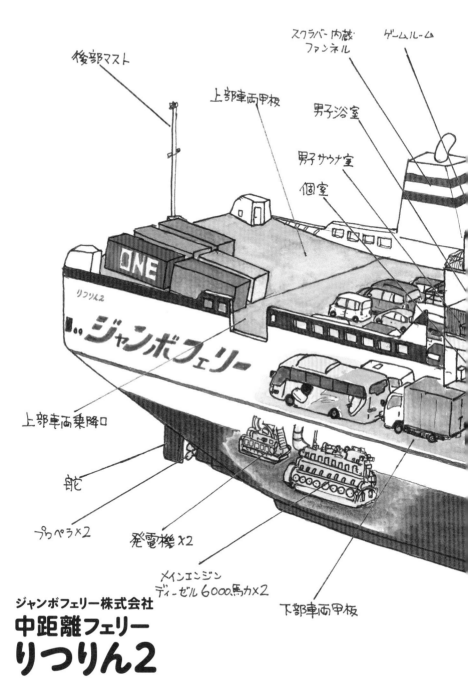

後部マスト

上部車両甲板

スクラバー内蔵ファンネル

ゲームルーム

男子浴室

男子サウナ室

個室

ONE

りつりん2

ジャンボフェリー

上部車両乗降口

舵

プロペラ×2

発電機×2

メインエンジン
ディーゼル6000馬力×2

下部車両甲板

ジャンボフェリー株式会社

中距離フェリー
りつりん2

突如としてニャンコと化した老舗のフェリー

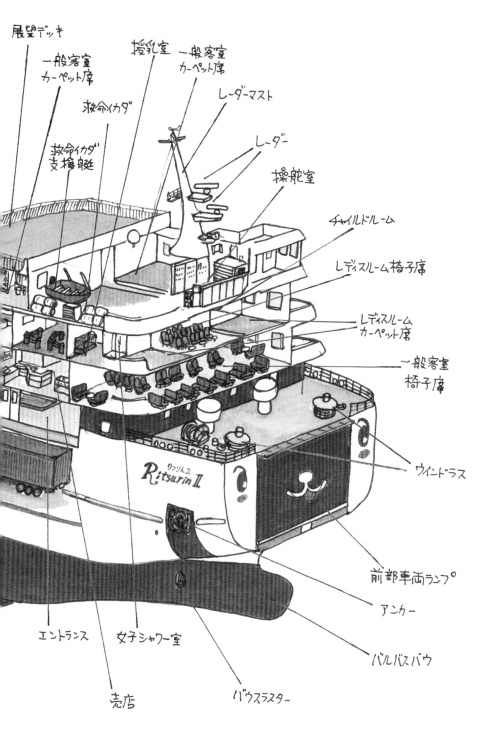

展望デッキ

一般客室
カーペット席

救命イカダ

授乳室

一般客室
カーペット席

レーダーマスト

救命イカダ
支援艇

レーダー

操舵室

チャイルドルーム

レディスルーム椅子席

レディスルーム
カーペット席

一般客室
椅子席

ウインドラス

前部車両ランプ

アンカー

バルバスバウ

エントランス

女子シャワー室

売店

バウスラスター

Ritsurin II

017

大音量のジャンボフェリーのテーマ

♪風が恋を運ぶ〜海を遠くわたり〜二人を結ぶジャンボフェリー♪

いつも船内で流れ、夜行便だとまだ夜も明けきらない早朝の入港時には大音量で船内に響き渡るこのテーマ曲は、何度かこの航路に乗ったことのある方ならきっと耳に残っていると思う。

私は東京の人間でありながらこの航路が好きで夜行便を含めてもう4回ほど乗船しているので、「こんぴらさん」とか「オリーブ」とか「うどん」とかのキーワードを目にするたびについ口ずさんでしまうほどである。ちなみに「くさや」とか「明日葉」とか「椿油」とかの言葉を目にすると東海汽船の「我は海の子」を口ずさんでしまう。

格安の瀬戸内海クルージング

この航路の良さはまずは何と言ってもその料金だと言えるだろう。神戸（三宮）からJRを使うと新幹線で岡山経由だと最短時間で7000円近く、バスでも4000円近くかかるのに対して、平日の日中ならなんと1990円（25歳以下なら1800円）という破格の料金は、約4時間という長い乗船時間さえ目をつぶれば（私は逆にうれしい、もっと長くてもいい）はっきり言って格安である。

さらに瀬戸内海の大きな島としては数少ない、橋の架かっていない「離島」である小豆島に神戸からダイレクトに行けるため、レジャー航路としても若者を中心に人気がある。お盆時期やGWなどの繁忙期（コロナ禍前）は乗客が客室から溢れかえりデッキでごろ寝する姿も普通に見られるとのこと……いろんな意味で東海汽船と共通して

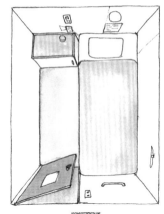

個室

ベッドとテーブルと電源コンセントがあるだけの小さな部屋だがプライバシーは保てる。神戸と高松を深夜1時に出港する夜行便にのみ設定され、追加料金は2500円。

いるかもしれない。セブンアイランド愛もかつてこの航路のジェット7だったし……。

そして、オレンジフェリーの昼間便がとうの昔に無くなってしまった現在において昼間の瀬戸内海を東西方向に航行する唯一の航路として、風光明媚な多島海をクルーズできるという観光的な良さも大きな魅力と言っていい。人間の力で造り出したとはとても思えない巨大な明石海峡大橋を通過するのも実に圧巻である。

船の全体のかたちはブリッジや旅客スペース等のハウス部分が船体の前半部に集中していて、このクラスのフェリーとしてはごく珍しい4層デッキの旅客スペースを持っている。そのため遠くを航行中の姿を見てもすぐにわかる、実に個性的なシルエットになっている。

イラストのりつりん2は1990年（平成2年）建造の古いがバブル期の造りらしく豪華な内装で、現在2022年に新造船への

代替が決まっている姉妹船のこんぴら2より
ほんの少し新しかったためなのか、エレベーターや排気浄化装置のスクラバーを内蔵
したファンネルに変えたりと色々手を加えているため、こちらの代替は少し後になるとのこと。このスクラバーにより、従来のファンネルはかなり大型化され船体のストライプの色以外でもこんぴら2との大きな識別点となっている。

「ジャンボフェリー」から 「ニャンコフェリー」へ

ところで、イラストを見て気が付かれたと思うが、数年前から船首の車両用ランプウェイの周囲につぶらな瞳のかわいいネコちゃんの顔が描かれるようになった。同様に船尾のランプにはネコちゃんのおしりとしっぽと足跡のイラストが描いてあり、船全体がネコちゃんのようになっている。姉妹船のこんぴら2も同様で、こちらは目をつぶったネコちゃんの顔をしている。これは2019年の同航路フェリー化開設50周年の記念イベント企画でニャンコフェリーという特別愛称をつけ

るためのもので、本来1年間だけの限定企画だったのだが、乗客や地域住民から「かわいい！」と評判で、もとに戻すことをあきらめて現在もこのニャンコフェリー化が続いているというもの。公式ホームページを見てもジャンボフェリーの社名はあまり目立たず、大きく「ニャンコフェリー」と書いてある（しかも「高松」ではなく「うどん」だし）。

フェリー航路開設当時に就航していたのは世界最大の双胴フェリーだったので「ジャンボフェリー」と名乗った（当時の会社名は加藤汽船）ものの、その後の瀬戸内海航路各社のフェリー化でどんどん他の船が巨大化していき、以前から社内で「こんな小さな船なのになんでジャンボなの？」という疑問を投げかける声があったからとか……。いずれにしろニャンコ化は同航路に対する乗客の愛着度が増す、大英断だったと思う。

2022年（令和4年）の同社の新造フェリーがどれだけ本格的なニャンコと化すのか、それとも別の動物に進化するのか、楽しみである。

りつりん2

主要目	1990年 林兼造船建造
総トン数3,664トン　全長116m　幅20m　航海速力18.5kt
旅客定員475名　車両積載数61台（8tトラック換算）
神戸〜坂手〜高松航路に就航（坂手に寄港しない時間帯もあり）

神新汽船株式会社
短距離フェリー
フェリーあぜりあ

下田から伊豆諸島の4つの島をめぐるカーフェリー

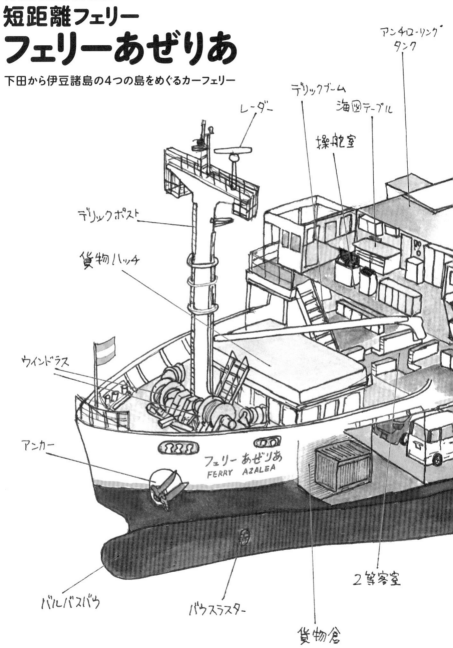

アンチローリングタンク

デリックブーム

海図テーブル

操舵室

レーダー

デリックポスト

貨物ハッチ

ウインドラス

アンカー

フェリー あぜりあ
FERRY AZALEA

バルバスバウ

バウスラスター

貨物倉

2等客室

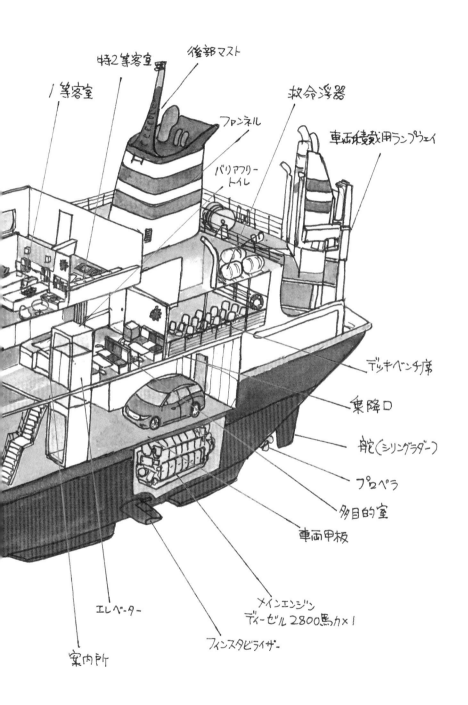

1等客室

特2等客室

後部マスト

ファンネル

バリアフリートイレ

救命浮器

車両積載用ランプウェイ

デッキベンチ席

乗降口

舵(シリングラダー)

プロペラ

多目的室

車両甲板

メインエンジン
ディーゼル 2800馬力×1

フィンスタビライザー

エレベーター

案内所

伊豆半島から伊豆の島々へ

　品川ナンバーの自動車が走る、伊豆大島や新島・神津島などの東京都の伊豆諸島……地図で見るとこれはどうみても静岡県の伊豆半島が近くにあり、位置的には東京とはとても思えない。そのため伊豆半島南部の港町である下田からは、明治時代から島に行く定期船が出ていた。何度も映画やドラマ化された川端康成の名作小説「伊豆の踊子」のヒロインもこの航路で大島から下田にやってきたものだと思う。

　戦後は東海汽船があじさい丸という貨客船で下田から新島〜三宅島〜神津島をむすぶ航路を開設、その後、その航路は現在の神新汽船に引き継がれて新島〜式根島〜神津島航路となり、やがて船もあぜりあ丸に替わり利島が追加され、そして数年前についに待望の新造船のフェリーあぜりあが就航した。

東京諸島初のカーフェリー

　このフェリーあぜりあ、島民の要望で東京の島々では初めてとなるカーフェリー型の貨客船とはなったものの、波荒く風の強い離島では自動車の自走での上陸は難しいケースも多く想定されて、船体前部には今まで同様の吊り下げ式荷役装置と貨物倉を設けられた。そのため建造にあたっては同様なタイプの船を昔から数多く就航させている南西諸島の島々を結ぶフェリー、特にトカラ列島の島々を結ぶ先代のフェリーとしまを参考にさせてもらったと聞いている。

　東京から早朝の新幹線で行けば間に合う朝9時30分に下田港を出港、利島〜新島〜式根島〜神津島（隔日で逆回り、水曜運休）を回って下田に16時30分に戻ってくる7時間の航路で、普通の観光客であれば伊豆半島を回ってどこか島に立ち寄り、ジェット船で東京に戻るというコースが一般的と思われるが、この航路は以前からこの7時間をどの島にも下船せずにそのまま下田に戻るというワンデークルージングチケットを二等で5000円台の価格で販売していて、船好きやちょっと変わった旅を求める旅行好きに評判を得ている。

広く、快適な船内

　乗ってみると前のあぜりあ丸より少し大きくなり、特に3.6mも広くなった船幅はとてもゆったりと安定感を感じられた。ただ船内に入ると下層デッキは車両甲板で占められていて乗客のデッキは2層だけ（フェリーなら当然だが）、4層にわたって旅客スペースがあったあぜりあ丸の、小さな船でありながら船内で迷子になるという大型船みたいな経験がちょっと懐かしい。

　それでも横揺れ防止装置は以前からのアンチローリングタンクに加えてのフィンスタビライザーも装備されているので、多少波の高い海域でも横揺れは最小限に抑えられ、500トンの小さな船とは思えない快適な船旅が楽しめる。

　船内の客室はカーペット敷きの二等と、同じカーペット敷きながら毛布や枕が用意された特二等と、イラストにあるような一部屋のみの一等の3グレードに別れている。

　船体中央部左舷のバリアフリーの多目的室は必要とされる乗客がいない際はちょっとしたラウンジとして広い窓から東京の島々を眺めながら過ごすことが出来る。

　ただし船内には、レストランの設備は無く、

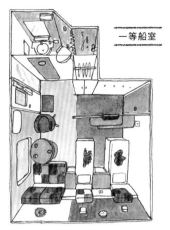

一等船室

シャワー、トイレ、ベッドと昼の航海には贅沢な部屋。
クルーズ客船でも上級船室しか見られない伝統の花
毛布が名物事務長の努力で用意されている。

飲み物とカップ麺の自動販売機があるだけ
なので、先に述べたワンデークルージング
のような長時間乗船の場合は乗船港にてお
弁当を買って持ち込むことを強くお勧めする。
間違ってもお腹すいたからと言って船上から
釣りをしたり海鳥を捕獲したりして食べない
ように……（←無理です）

個性豊かな島々をめぐる船旅

　ほとんど平地の無いアポロチョコみたいな
形をした利島、逆にまっ平らで入り組んだ海
岸線の式根島、長い海岸線がずっと続く新
島、東岸に接岸すると天上山の雄大で真っ
白な山肌が美しい神津島……と寄港する4
つの島はどの島も実に個性的で魅力的であ
る。しかし各島の停泊時間はどこも10分程
度なので、停泊中にちょっと降りて上陸気分
を味わうことは一切出来ない。また気候の
悪い時期は「条件付き就航」と言って接岸
条件の悪い島をスキップする、もしくは引き
返すこともあるので予定を立てる際は十分
に注意が必要なのは言うまでもない。まぁそ
ういったハプニングがあるところがまた島を旅
する面白さでもあるわけなのだが……。

　そんな楽しい航海を終えて下田港から伊豆
急下田駅までは徒歩でも20分ほどなのでそ
の日のうちに十分に東京に戻ることが出来る。

　東京から直接の島への船旅も楽しいが、
こんなローカル航路も一度試してみてはい
かがだろうか？

フェリーあぜりあ

FERRY AZALEA
Izuu Shoto Kiisen

主要目	2014年 内海造船瀬戸田工場建造
	総トン数485トン　全長63.6m　幅12.6㎡
	航海速力15.2ノット　最大旅客定員240名　コンテナ積載数14個　乗用車積載数10台
	下田～利島～新島～式根島～神津島～下田航路（隔日で逆回り、水曜定休）

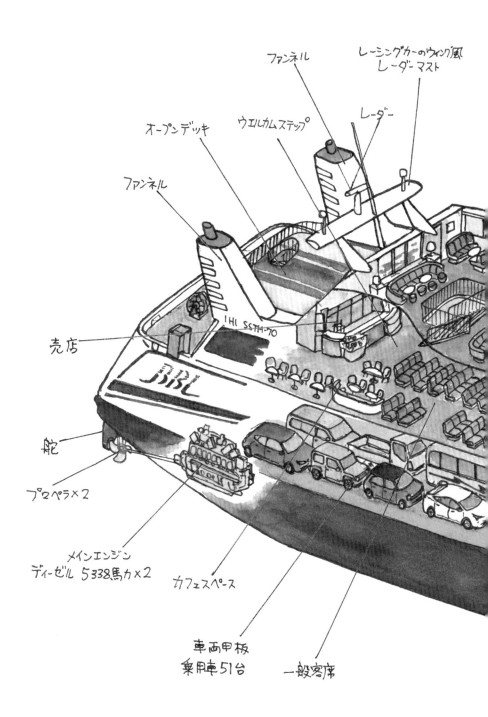

ファンネル

レーシングカーのウィング風
レーダーマスト

オープンデッキ

ウエルカムステップ

レーダー

ファンネル

売店

IHI SSTH-70

BBL

舵

プロペラ×2

メインエンジン
ディーゼル 5338馬カ×2

カフェスペース

車両甲板
乗用車51台

一般客席

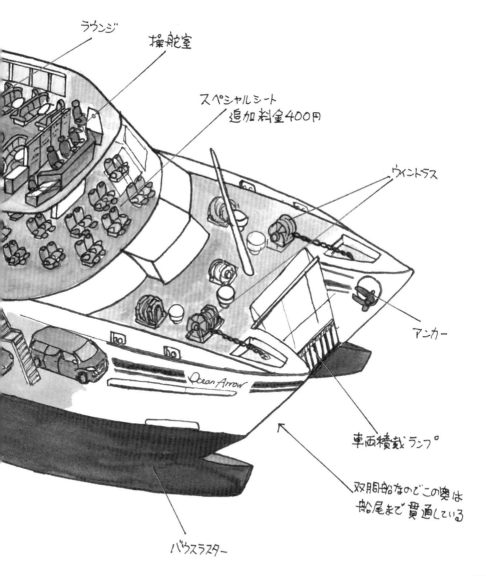

ラウンジ

操舵室

スペシャルシート
追加料金400円

ウィンドラス

アンカー

車両積載ランプ

双胴船なのでこの奥は
船尾まで貫通している

バウスラスター

Ocean Arrow

スリムな船体を持つ
国産の高速双胴船

　九州最大の湾である有明海は、湾奥では最大6mにもなる干満差や泥状の海底地形など港湾施設を造るのに困難な地形があり、近年まで沿岸の最大都市である熊本市近くに港が築かれなかったが、1993年（平成5年）に沖合に人工島を作ることによって熊本港が開港され、同時に有明海対岸の島原までフェリー航路が設けられた。

　しばらくは在来型のフェリー1社だけで約1時間かけて運航されていたが、列車や航空機などに対抗するため、より高速でのフェリー輸送が求められ、30ノットという高速性能を持ち、通常のフェリーの半分の30分という所要時間をひっさげ、満を持して出現したのがこの国産双胴型高速フェリーのオーシャンアローである。

　しかも料金は通常のフェリーより少し高い程度に抑えられ、そのため長崎から熊本まで新幹線を使った場合の半分近い料金で、普通列車よりもずっと早く移動できる。

　双胴型のフェリーというと、かつての東日本フェリーのナッチャンRera／World姉妹や佐渡汽船のあかねのようなオーストラリア製のウェーブピアサーを連想してしまうが、この船は石川島播磨重工業（IHI）の相生工場で建造された純国産船で、双胴船にしては全体の船型もわりとスリムなため、ちょっと見た目ではスタイリッシュな普通の単胴船という印象をうける。

　それでもSSTH（超細長双胴船）と呼ばれる、まるで競技用ボートのような細長い2つのハルを持つ構造により、造波抵抗を極限まで少なくし、ウオータージェットではない通常のプロペラ推進でありながら最大速力31.3ノットという高速と低燃費（高速船にしては）を実現している。

スポーツカーの外見と
クルーズ客船の内装インテリア

　このオーシャンアローのエクステリアは、自動車のデザインを多く手掛けるデザイナーによるものだそうで、そういわれてみると操舵室から船首先端にかけてなだらかに傾斜していて全体の雰囲気は自動車によく似ている。船尾に近い位置にあるレーダーマストはまるで少し前に流行ったスポーツカーのリアウイングのようである。

　そして外観デザインもさることながら、東に阿蘇山、西に雲仙岳を望み、まるで湖のように波静かな有明海を走るということもあって、クルーズ客船のような快適な船内インテリアにもかなりこだわったとのことで、実際に乗ってみると、確かにその通りだった。

　内部の旅客スペースは2層に分かれていて、下層デッキはメインの椅子席だが、後部にはお洒落なバーカウンター風の売店と

スペシャルシート

リクライニング、足載せ台、テーブル付き。利用料400円で平日は1ドリンクが付いてくるのでコスパが高い。ただしリクライニングしてしまうと海は眺められない。

カフェスペースがあり、眺めの良い前方はイラストのようなオーストラリア製のリクライニングシートの特別席となっている。

上層デッキは居心地の良いソファがずらりと並ぶ、クルーズ客船のラウンジ風の客室で。さらにその後方は高速船でありながら存分に潮風が浴びられる広いオープンデッキになっている。

そのデッキで海を眺めていても不思議なことにさほどの高速で走っているという感覚はあまりないのだが、いざ下を向いて航跡に目をやると、引き波の少なさに驚かされる。

東京港を航行する小型船の船長が「〇〇丸が通ると引き波が大きくてあおられるから嫌い、その点、××丸は引き波が小さいから好き」と言っているのを聴いたことがあるが、私のような鈍感な人間だと小型船に乗っていてこの船がすぐわきを通過してもよそ見してれば気が付かないぐらいかもしれない。有明海はその環境から海苔やカキの養殖が盛んで、そういった漁業への影響にも配慮したのだろう。

もちろん内海のため海全体も非常に穏やかで瀬戸内海のような潮の流れもなく揺れは全く感じられない。同じ航路で先に出港していた通常型のフェリーを途中であっさりとパスしていくのも気持ちいい。

双胴高速船の一番の欠点はその船型による波浪時の横揺れの激しさだが、この船が国内の小型高速フェリーで唯一成功しているのはおそらくこの有明海の環境もあるのだろう。

往復90分のクルーズ設定

いずれにしろこのオーシャンアローは、もう建造から20年以上経過しているとは思えないきれいな内装で、30分の航海が短すぎると感じる、とても快適なものだった。熊本フェリーのホームページによると、熊本から島原での下船無しの90分の往復で1ドリンクが付いて1500円（しかも先着22名限定でスペシャルシート）という素晴らしい設定があるとのことで、時間さえあれば3往復はして、夕日の沈む雲仙岳を眺めてみたいと感じた。運がよければスナメリという小型のクジラにも出会えるそうである。

オーシャンアロー

主要目	1998年 石川島播磨重工業相生工場建造
	総トン数1,674トン　全長72m　幅13m　航海速力30ノット
	旅客定員430名　乗用車積載数51台
	熊本～島原間を1日7往復

国際両備フェリー株式会社
短距離フェリー
おりんぴあどりーむ せと
こどもたちを乗せて、フェリーのデッキを列車が走る!

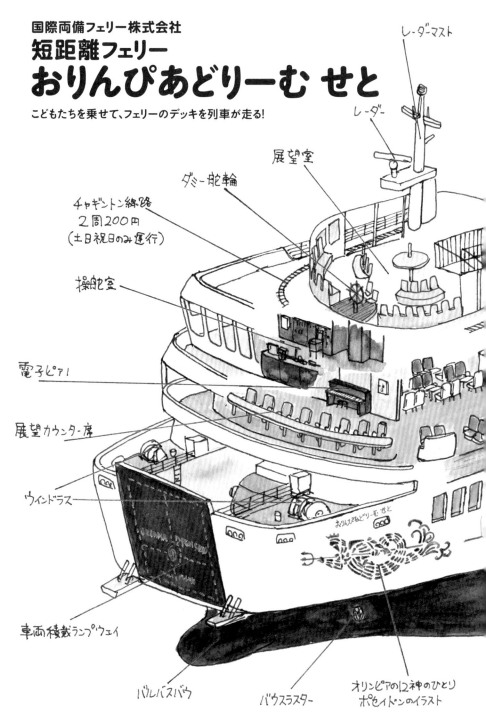

レーダーマスト

レーダー

展望室

ダミー舵輪

チャギントン線路
2周200円
(土日祝日のみ運行)

操舵室

電子ピアノ

展望カウンター席

ウインドラス

おりんぴあどりーむ せと

車両積載ランプウェイ

バルバスバウ

バウスラスター

オリンピアの12神のひとり
ポセイドンのイラスト

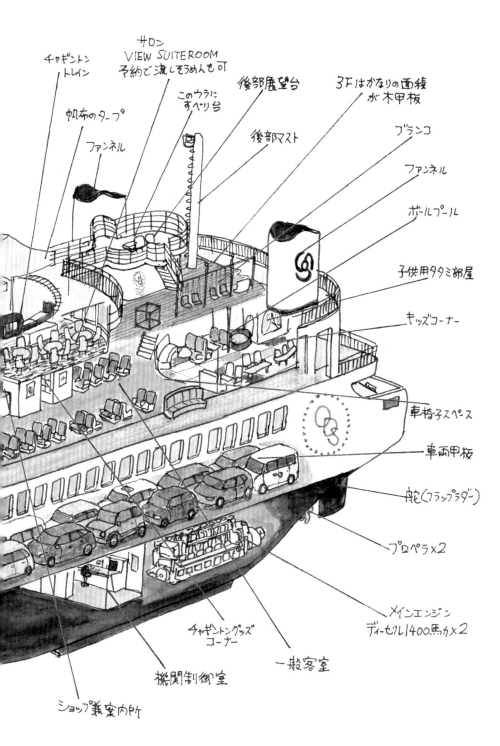

チャギントン
トレイン

帆布のターブ

ファンネル

サロン
VIEW SUITEROOM
予約で流しそうめんも可

このウラに
すべり台

後部展望台

後部マスト

3Fはかなりの面積
が木甲板

ブランコ

ファンネル

ボールプール

子供用タタミ部屋

キッズコーナー

車椅子スペース

車両甲板

舵(フラップラダー)

プロペラx2

メインエンジン
ディーモル1400馬力x2

一般客室

チャギントングッズ
コーナー

機関制御室

ショップ義案内所

一流デザイナーのトータルデザイン船

インダストリアルデザイナーの水戸岡鋭治氏と言えば、JR九州で話題となった超高級クルーズトレインのななつ星in九州や九州新幹線のつばめなど数々の鉄道車両のデザインで知られているが、主に岡山県などでバスや電車、タクシーなどを運行する両備グループとの関わりも強く持ち、同グループの岡山〜小豆島航路に2005年（平成17年）にデビューしたフェリー、おりんぴあどりーむのトータルデザインも行った。

同船もデッキに足湯を設けたり、デッキチェアがあったり、インテリアもかなりお洒落で今までの短距離フェリーとは一線を画す船ではあるが、2019年（平成31年）に同航路に就航したこの おりんぴあどりーむ せと はさらに水戸岡氏の遊び心が増幅された、楽しいフェリーとして話題を呼んでいる。

船体構造はこの1000トンも満たない瀬戸内海の小型フェリーとしては珍しい旅客スペース3層と車両甲板1層の4デッキ構造になっていて、かなり広々としたイメージがあるのもうれしい。

大人が落ち着け、こどもが楽しい船内

車両甲板から階段を昇って（もちろんエレベーターもある）エントランスから2階の客室に入ると、優しい色合いのフローリングの床に椅子のサイドやテーブルまでいたるところに木材が使われていて、とても落ち着いて過ごせる雰囲気になっている。また中央のショップでは飲み物やお土産のほかに軽食も扱っていてお洒落な船内でカフェ気分を味わえる。

船首最前列の客席は海を向いて座るカウンター形式になっていて瀬戸内海の美しい風景が眺められるが、その背面には自動ピアノが置いてあって自動演奏も楽しむことができる。

後方に回ると右舷側にこのサイズのフェリーとしてはかなり広いキッズスペースが設けられている。内部にはいろいろなおもちゃが用意されており、ボールプールから畳敷きの和室まで備えていて、まるでショッピングモールのキッズエリアを思わせるコーナーになった。

このこども優先な配慮はこの船のコンセプトにもなっているようで、イギリスの鉄道を擬人化した人気TVアニメであるチャギントンと契約して、船内のいたるところに主人公のウィルソンほか、登場人物（登場列車？）のキャラクターがパネルになって飾ってあり、このキャラクター目当てで乗船してくる家族連れも多くいるのではないだろうか？

上層デッキはまるでミニ遊園地

3階に上がると甲板はかなりの面積が国産天然杉を敷き詰めたウッドデッキになっていてテンションが上がる。やはり船のデッキは昔ながらの天然の木材が最高だとつくづく感じてしまう。

中央は貸し切りのVIEW SUITE ROOMというパーティルームになっており、ちょっとしたバーカウンターもあって、予約すれば真ん中の2カ所の丸テーブルで、なんと流しそうめんも食べられるとのこと。船で食べる流しそうめんは一体どんな感じなのだろうか？

この階の後半部分はやはり2階と同様にこどもが遊べるスペースになっていてミニハウス、ブランコ椅子、滑り台など遊具が所狭しと置いてある。私も人のいない隙を見計

らってブランコ椅子で揺られてみたが実に気持ちよかった。ついでに滑り台も試したかったが、どうやらこども専用のようなのでやめておいた。

この滑り台に階段で登るとそこはちょっとした展望台になっていて、船尾方向の見晴らしがとても良い。さらに細い渡り廊下によって前方の4階の展望デッキにつながっており、広い展望室に行くことが出来る。

フェリーでGo!で、列車でGo!

この展望室は最前部に模擬操舵輪が用意されていて、こどもが船長気分を味わえるようになっているのだが、それ以上にこどもが楽しめる極めつけを発見！それは先にも述べた鉄道アニメキャラクターのチャギントンの主人公ウィルソンの実際に走るミニトレイン（おかでんチャギントン）だ。船の上で鉄道に乗れるなんて両備グループのホームページによると世界初だそうである。

このミニトレインの保守管理運行はもちろん船員さんが行うそうで、案内してくれた船員さんは「船乗りで入ったのにまさか鉄道員

土日祝日の日中限定ではあるが、4階の展望室の周囲50mを2周廻って200円。天候によっては運航しない場合もある。

まですることになるとは思わなかった」と楽しそうに笑っていた。

宇野と高松を直接結ぶフェリーが廃止になってしまった現在、この航路と高松行きのフェリーを小豆島の土庄港で乗り継げば以前のように船で岡山方面から高松方面に行くことが出来る。（宇野−直島−高松という航路もある）

瀬戸内海の美しい景色を眺めながら、時間さえあればぜひ試してもらいたい航路である。

おりんぴあどりーむ せと

主要目	2019年 藤原造船所建造
	総トン数942トン　全長60m　幅14.7m　航海速力13ノット
	旅客定員500名　乗用車積載数60台
	新岡山港〜小豆島土庄間を1日4往復（この航路自体は8往復）

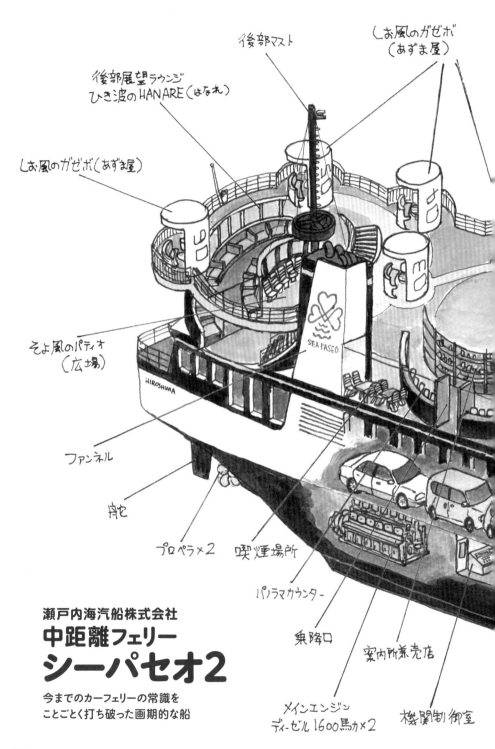

後部マスト

しお風のガゼボ
（あずま屋）

後部展望ラウンジ
ひき波のHANARE（はなれ）

しお風のガゼボ（あずま屋）

SEA PASEO

HIROSHIMA

そよ風のパティオ
（広場）

ファンネル

舵

プロペラ×2

喫煙場所

パノラマカウンター

乗降口

案内所兼売店

瀬戸内海汽船株式会社
中距離フェリー
シーパセオ2

今までのカーフェリーの常識を
ことごとく打ち破った画期的な船

メインエンジン
ディーゼル 1600馬力×2

機関制御室

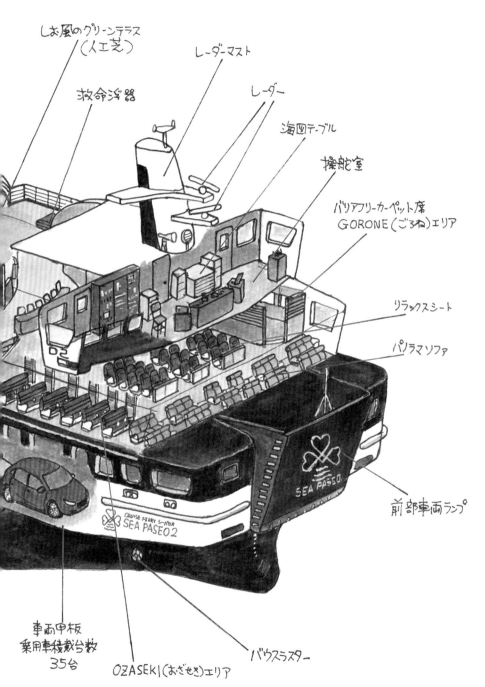

しお風のグリーンテラス
（人工芝）

レーダーマスト

救命浮器

レーダー

海図テーブル

操舵室

バリアフリーカーペット席
GORONE（ごろね）エリア

リラックスシート

パノラマソファ

前部車両ランプ

車両甲板
乗用車積載台数
35台

OZASEKI（おざせき）エリア

バウスラスター

CRUISE FERRY SHIPYARD
SEA PASEO 2

SEA PASEO

033

物流航路から観光航路へ

　一年を通じて波穏やかで、大小無数の島々が点在する瀬戸内海は昔から風光明媚な観光海域として知られ、かつて、この航路を走る船はこぞって昼間にこの海を走るスケジュールを組んでいた。

　ところが昭和最末期から平成にかけて建設された本州と四国を結ぶ本四連絡橋の影響により、この海を縦横無尽に結んでいたフェリー航路は次々と撤退、長距離を昼間に走る航路もやがて消え失せてしまった。

　それでも、このシーパセオ2が走る中国地方最大の都市である広島と四国最大の都市である松山を結ぶ航路は、橋を使うとかなり大廻りになるという特性から連絡橋完成後もトラック需要をメインにそれなりの採算をあげてきて、瀬戸内海汽船と石崎汽船の2社がそれぞれ2隻ずつの計4隻により1日10往復する共同運航を行ってきた。

　やがて4隻は同じような時期に同じようなスペックで建造されたため、一斉に代替時期が到来、当初2社は全くの同型船を建造する計画をもっていた。

　ところが以前から広島でレストラン船を走らせるなど、船を観光に使う事に意欲を燃やしていた瀬戸内海汽船は、今までの実用重視のオーソドックスな造りを継承するはずだった新造船の予定から進路変更。以前から美しい昼間の瀬戸内海を走り、名所である音戸の瀬戸を通過するという隠れた観光コースになっていた事もあって、社内でどんな船にしたら乗客に船旅を楽しんでもらえるかアンケートを取るなど検討、JR東日本系の車両のデザインでも実績のある地元広島のGKデザイン総研広島にスタイリッシュなデ

しお風のガゼボ
上部デッキに6基設けられた直径2.5mほどの休憩スペース。直接風に当たらないような配慮で全て船首側が壁になっている。ショップで買った飲み物をここで飲むことも可能。

ザインを任せて完成したのが、シーパセオとこのシーパセオ2の姉妹である。

従来のフェリーの常識では考えられない内外装デザイン

　完成予想図の段階から期待していたが、乗船する松山観光港で初めてその姿を見たときは、今までの小型フェリーの常識をいい意味で覆したスタイルにある種の感動すら覚えた。

　そして船内に入るとその感動はますます高まっていく。都会の外資系カフェチェーンのような中央のショップカウンターとテーブル席にコンセント付きのカウンター席。前方の右舷窓側の席はちょっと懐かしい夜行列車の座席のよう。船首に面した広いガラス窓がある2列はフカフカシートを映画館のように階段状に設置。その後ろの通常のシートもすべてリクライニングが可能、2カ所ある

カーペット敷きの旅客スペースも、かわいらしいちゃぶ台のような丸テーブルがあったり、寝転がっても外が眺められる位置にガラス窓があったりと、従来の国内定期航路のカーペット大部屋の生活感あふれるダサいイメージから完全に脱却しているのは素晴らしいと思う。

　中でも私がいちばん気に入ったのは最後尾にある「ひき波のHANARE」という名の靴を脱いで上がる客室で、船体真後ろのスペースを半円形に目いっぱい使って大きな窓と快適なソファを配置した展望室だ。ここからは文字通り引き波の向こうに去っていく島なみをずっと眺めていることが出来る。考えてみれば国内のフェリー、客船でこの位置に客室を設けている船はごく珍しいのではないだろうか？ 古い客船ファンの私には英国P&O社の初代オリアナにあったスターンラウンジという素敵な船尾の公室を連想してしまった。

デッキに点在する現代風あずま屋

　この部屋の手前にある吹き抜けのデッキから上層の展望デッキに上がるとこの船のコンセプトであるPark on the SETONAIKAIにふさわしい、まるで大都会のオフィス街の真ん中にある公園のような洗練されてお洒落な場所が広がっている。

　前半部分には人工芝が敷き詰められ天気のいい日はゴロゴロと寝転がることが可能、その後ろには「しお風のガゼボ」と名付けられたかわいらしい円柱形の屋根付きレストスペースがいくつも設けられていて、一部は海に張り出していて実に気持ちがいい。

　このように船の最前列から最後尾、そしてデッキまで、この船の旅客スペースの隅々、どの場所に座っていても楽しく過ごすことが出来るというのは日本中でもこのシーパセオ姉妹が一番かもしれない。しかも航路の途中では観光名所の音戸の瀬戸を通過し、軍港と造船の美しい港街の呉にも寄港する。

　地元には普段のストレス解消に月に数回、何の目的もなくただこの船を楽しむだけに乗船する人がいるというのが十分にうなずける気がする。

シーパセオ2

主要目	2020年 神田造船所川尻工場建造
	総トン数902トン　全長61m　幅13.6m　航海速力15ノット
	旅客定員300名　乗用車積載数35台
	姉妹船シーパセオとともに広島〜呉〜松山航路に就航中

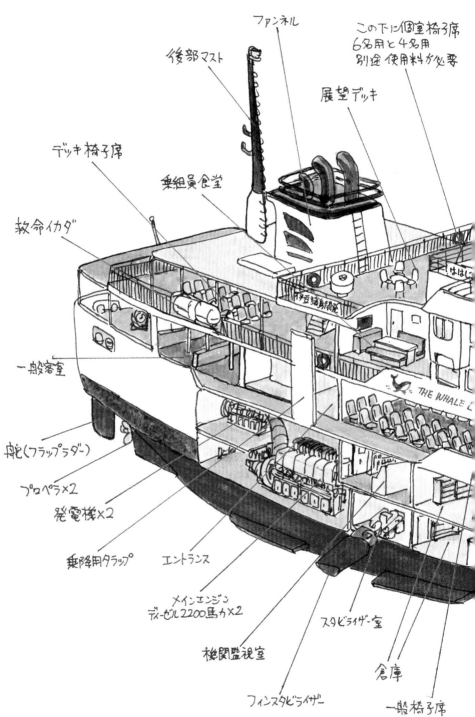

ファンネル

後部マスト

この下に個室椅子席
6名用と4名用
別途 使用料が必要

展望デッキ

デッキ椅子席

乗組員食堂

救命イカダ

伊豆諸島開発

THE WHALE

一般客室

舵(フラップラダー)

プロペラ×2

発電機×2

乗降用タラップ

エントランス

メインエンジン
ディーゼル2200馬力×2

機関監視室

フィンスタビライザー

スタビライザー室

倉庫

一般椅子席

伊豆諸島開発株式会社

貨客船
ははじま丸（3代目）

海洋生物の観察が楽しい東京諸島最南端の定期航路

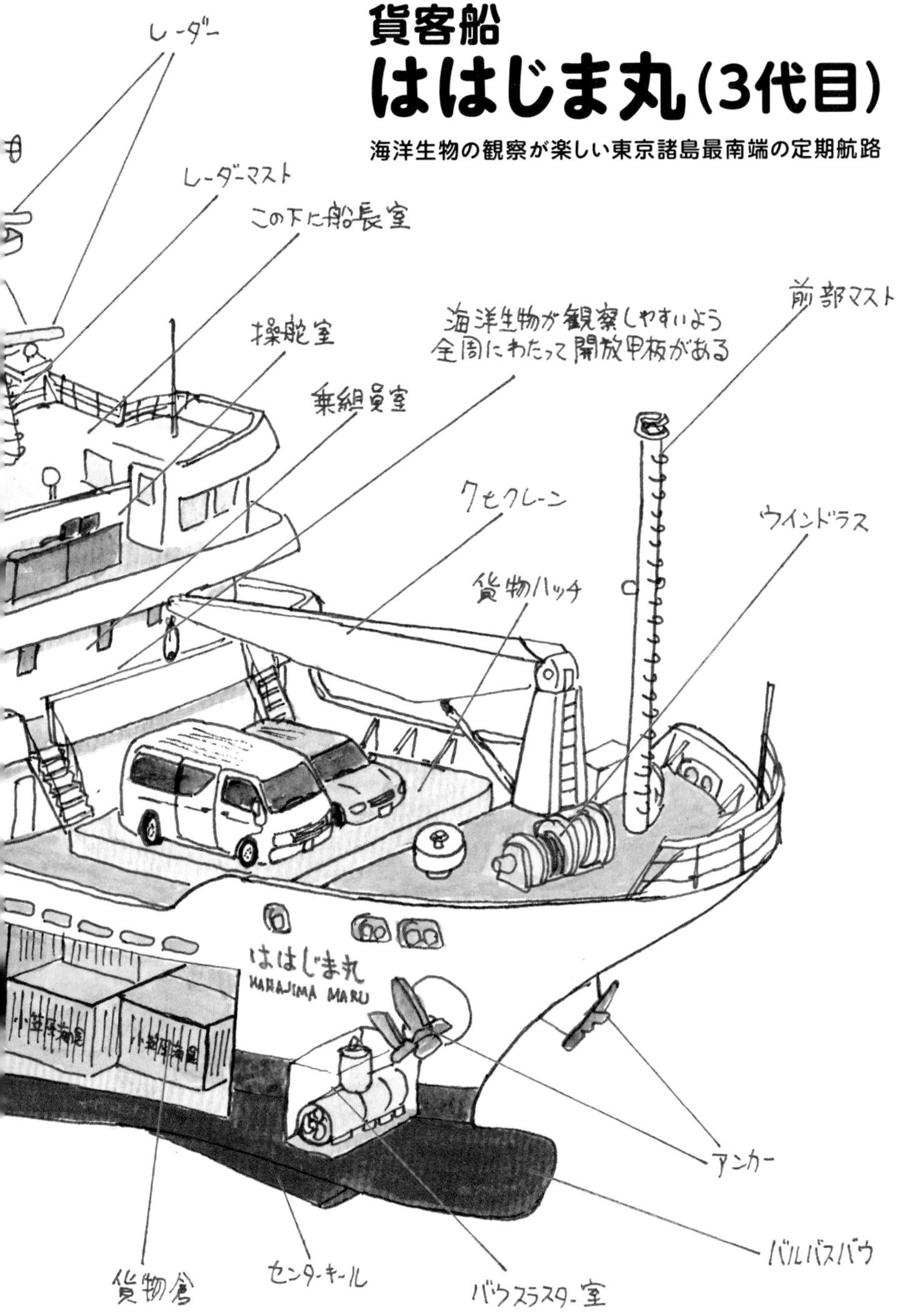
レーダー
レーダーマスト
この下に船長室
操舵室
海洋生物が観察しやすいよう
全周にわたって開放甲板がある
乗組員室
前部マスト
クモクレーン
ウインドラス
貨物ハッチ
ははじま丸
HAHAJIMA MARU
小笠原海運
アンカー
バルバスバウ
貨物倉
センターキール
バウスラスター室

以前より大型化され、乗り心地のよくなった船体

　東京都心から南へ1050km、小笠原諸島の母島は太平洋戦争で島民が全員疎開して以来28年も無人島であった。

　1972年（昭和47年）から再び定住がはじまり、その4年後には父島との間の定期航路が運航されるようになるが当時は貨物船を改造した中古船だった。その後、この航路の専用船である初代ははじま丸が就航し、現在ではこの3代目にあたるははじま丸が同航路に就いている。

　2016年（平成28年）の彼女の新造にあたっては、狭くてよく揺れるとあまり評判のよくなかった先代の反省をふまえ、島民から幅広くアンケートを取り、沖縄の離島航路のフェリーであるフェリー粟国（現在は引退してニューフェリーあぐにが就航中）を参考にしてより大型化が図られた。……といっても以前と総トン数の算定方法が変わったため、数字自体は先代の490トンに対して453トンと減少しているが、実際には1,100トンの東京港のレストラン船、シンフォニークラシカと同等以上のサイズである。

　さらに横揺れ防止装置のフィンスタビライザーも従来の外国製からはるかに性能の良い国産に変えることで横揺れも大幅に軽減されたとのことである。私は先代には乗船したことがないので、比較しようがないが、よく乗っている地元の方や旅行関係者の方々もみな口を揃えて「今のははじま丸は揺れない！」と言っているので間違いないのだろう。実際に私が乗船した時も台風の余波でまだうねりが残る海況ではあったが、縦揺れはともかく横揺れはほとんど感じなかった。

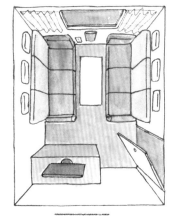

個室椅子席

絵は二人までならソファで寝ることも可能な6名用（1室5000円）だが、ほかに4名用（1室3000円）もある。どちらも1室ずつしかなく、予約ではなく先着順。

船旅を楽しめる工夫を凝らした船内

　船内の旅客スペースは3層に分かれていて、エントランスのある上甲板は船体前部にイス席、後半部にカーペット席と別れていて、どちらも先代より広くなっている。

　その上にある遊歩甲板は前部に上の絵のような2部屋の個室椅子席、後部はオーニング（日よけ天井）付きの広い露天甲板でベンチがずらりと並んでいる。この露天甲板はこの階の船室の周りをブリッジの真下までぐるりと全周を取り巻いており、この海域で数多くみられるクジラやイルカ、海鳥といった海洋生物の絶好のウォッチングエリアになっている。

　実際、2月ごろのザトウクジラのシーズンはホエールウオッチングのツアーに参加しなくても普通に航路でクジラの姿が見られるそうである。

　私が乗った8月はクジラこそ見られなかっ

たが、イルカは船の周りを泳ぎまわり、大型の海鳥であるカツオドリは手を延ばせば届きそうな距離を滑空していた。

さらにこの上の操舵室のある最上デッキもありがたいことに後半部分が乗客に解放されており、くつろげるようにイスとテーブルがいくつも並んでいる。天気が良ければ美しい小笠原諸島の島々を眺めながらゆったりとしたクルージングを味わうことが出来る。ただし南国の強い日差しを遮るものは何もないので日焼けには十分注意が必要だ。

本土を結ぶ船に合わせた
変則の航海予定

この船の航海スケジュールはかなり変動的で、しかも休航日がある。

基本的には父島を朝7:30に出て母島に9:30に到着、14:00まで停泊して16:00に父島に戻るという時間配分なので、母島である程度のんびりできる余裕があるが、東京からの定期貨客船のおがさわら丸の父島入港日は14:00に母島に到着してその日は母島泊まりだったり、逆におがさわら丸出港

時は9:30に母島に入港して12:00にはもう出港という慌ただしいものだったりするのであらかじめホームページ等でチェックするなど注意が必要である。

通常の4時間半の滞在時間の場合はあらかじめ申し込んでおけば自動車での島内ツアーもまわれるし（バス等の公共交通機関は一切無い）、港の周りを散策したり近くの浜でスノーケリングをしたりしてのんびり過ごすことも出来る。もちろん島内には10軒ほどの宿泊施設もある。

いずれにしろ母島は父島とはまた全然違った魅力のある島なので小笠原を訪れたら彼女（ほかにアクセス方法は無いが）に乗って行ってみることをお勧めする。

ちなみに母島には東日本では唯一のサトウキビを使ったラム酒の製造工場があり、海底に1年間沈めてから出荷する「海底熟成ラム」がとても美味しいらしい（私はお酒が飲めないのでよくわからないが……）。そして島特産のミニトマトやパッションフルーツも美味しいですよ〜。

ははじま丸
（3代目）

主要目		
2016年 渡辺造船所建造		
総トン数453トン　全長65m　幅12m　航海速力16.5ノット		
旅客定員200名　載荷重量400トン		
東京都小笠原村　父島二見港〜母島沖港に就航中		

東海汽船株式会社
貨客船
さるびあ丸（3代目）

東京の島々を繋ぐ、貨客船のニューフェイス

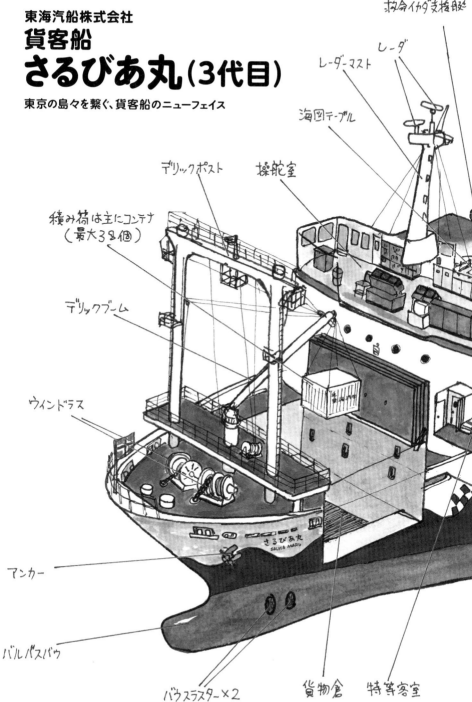

救命イカダ支援艇

レーダーマスト

レーダ

海図テーブル

デリックポスト

操舵室

積み荷は主にコンテナ
（最大32個）

デリックブーム

ウインドラス

アンカー

バルバスバウ

バウスラスター×2

貨物倉

特等客室

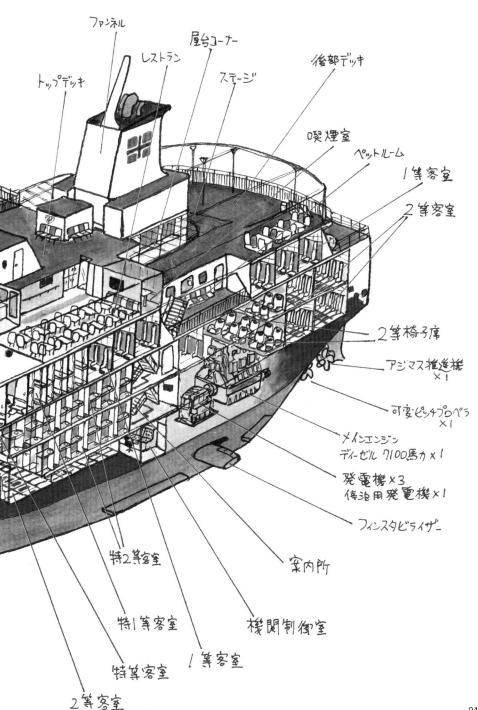

ファンネル

屋台コーナー

レストラン

ステージ

後部デッキ

トップデッキ

喫煙室

ペットルーム

1等客室

2等客室

2等椅子席

アジマス推進機 ×1

可変ピッチプロペラ ×1

メインエンジン ディーゼル 7100馬力×1

発電機×3 停泊用発電機×1

フィンスタビライザー

案内所

特2等客室

特1等客室

機関制御室

特等客室

1等客室

2等客室

041

歴代の同名船の
輝かしい経歴を引き継ぐ3代目

太平洋戦争を病院船として奇跡的に生き抜き、戦後もしばらく東海汽船のフラッグシップだった2代目橘丸の後継で昭和の離島ブームの立役者となり、大島三原山の噴火の時は島民避難船や関係者のホテルシップとして八面六臂の活躍をした初代さるびあ丸。

貨物倉と荷役用デリックを持つ貨客船にはなったものの、大幅にサイズアップされ、夏には毎晩、離島航路の貨客船から若者たちの熱狂の渦に巻き込む浴衣ダンサーズの東京湾納涼船に早変わりするなど東京の離島ファンに絶大な人気を博した2代目さるびあ丸。

それら人気のさるびあ丸の船名を受け継いで、2代目引退とともに誕生したのがこの3代目さるびあ丸である。

2019年（令和元年）の6月、就航のほぼ1年前に東海汽船系のレストラン船ヴァンテアンのホールでその姿と船名が発表された。ネット中継でそれを見ていた私は、明らかになったデザイナー野老朝雄氏（オリンピック東京2020大会のエンブレムをデザインされた方）の船体デザインを拝見して「これは実に楽しいデザインだけど絵にはめっちゃ描きにくそうだなぁ」と思いながらも準姉妹船の3代目橘丸の写真をベースに発表の1時間後には同時発表のセブンアイランド結と並走している完成想像イラストを水彩で描き上げて、すぐにSNSにアップするという荒業をしでかした記憶がある。（のちに模様のパターンの法則さえつかんでしまえば決して描きにくい船ではないことが判明）

その年の11月には三菱重工業下関造船所で華やかな進水式を見物、翌年の二代目さるびあ丸引退と同時の初航海では夜の東京港で貸切の遊覧船の船上から2隻のさるびあ丸が並んでレインボーブリッジをくぐっていくという船ファンにとっては感動以外の何物でもないシーンを見送るなど、彼女を誕生前からずっと見守ってきた。

大幅に快適になった客室設備

船内はイラストに描いた特等船室から、昔ながらのカーペット敷きの2等船室まで、基本的に先代の客室設備を踏襲しているが、2段ベッドの特2等船室とまるで高級高速バスのシートになったような2等椅子席の改善ぶりが目覚ましい。とくに特2等のベッドは先代にはなかった照明や鍵付きロッカーが付き、上段に昇るのが梯子ではなく階段になるなど、年配の方や女性にも細かく配慮されていて、普段この特2等を利用することが多い私にはとても嬉しい。

また6層にわたる旅客用デッキのため、中央部分にエレベーターも装備されているのもありがたい。

ところがデッキに出てみると、小笠原航路のドック代船としても使うため、先代の限定近海区域資格から近海区域資格になって救命設備が増えたからなのか、開放デッキの舷側には多くの救命いかだやボート、脱出用シューターなどが置かれている。そのためデッキで海に面した手すりに行く場所が少なくなっているだけではなく、全体の海の眺め自体も悪くなっているのは残念なところである。しかしこれらは全て乗客の大切な命を守るためのもので、意味もなく視界を悪くしているわけではないので我慢するとしよう。

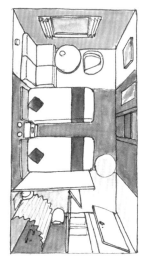

着岸が大幅に楽になっているとのこと。船の操船に興味がある方は港での入港シーンで、彼女が大きな船体を短い時間でいとも簡単にクルリと回すシーンを見ているのも面白いと思う。さらに船が先代よりも大型化されたにも関わらず燃費も約10％改善されたとのことである。

また橘丸（3代目）で気になった船体後半部での客室やデッキでのエンジン振動はこの船では大幅に軽減され静かでとても快適になっている。

就航して1年以上たち、今や彼女の独特の濃紺の波模様はすっかり伊豆諸島になじんでしまっている。先代同様、夏場は評判の東京湾納涼船としても活躍する予定で、さらに期間限定ではあるが土日の横浜寄港では、東京までの足として1時間35分の船旅（東京湾夜景クルーズ）を過ごそうという人が年々すごい勢いで増加している。

先にも述べたようにおがさわら丸のドック代船で父島にも遠征するのでこれからも東京じゅうの島々で、そして大都会東京、港町横浜でずっと愛され続けることだろう。

お姉さん譲りの技ありハイブリッド推進

メカニズム関連でいうと、先に就航した準姉妹船の橘丸（3代目）で培った1軸の可変ピッチプロペラとアジマス（ポッド）推進器の2つのプロペラを組み合わせたタンデムハイブリッド方式を採用し、さらに船首に2基のスラスター（横移動プロペラ）を装備することで狭い港や潮の流れが速い港での離

さるびあ丸
（3代目）

主要目 2020年 三菱重工業下関造船所建造　総トン数6,099トン　全長118m　幅17m

航海速力20ノット　旅客定員1343名（沿海区域）　コンテナ積載量38個

通常は東京〜（横浜）〜大島〜利島〜新島〜式根島〜神津島航路もしくは

東京〜三宅島〜御蔵島〜八丈島航路に就航中

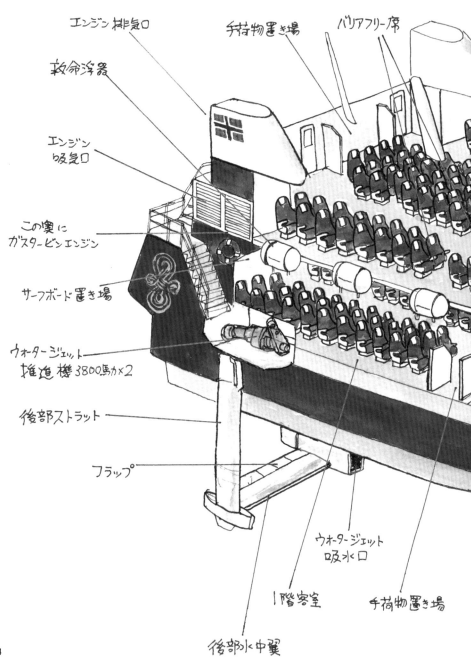

エンジン排気口

手荷物置き場

バリアフリー席

救命浮器

エンジン吸気口

この奥に
ガスタービンエンジン

サーフボード置き場

ウォータージェット
推進機3800馬力×2

後部ストラット

フラップ

ウォータージェット
吸水口

1階客室

手荷物置き場

後部水中翼

東海汽船株式会社

ジェットフォイル
セブンアイランド結

川崎重工業が4半世紀年ぶりに建造した海を翔けるジェット機

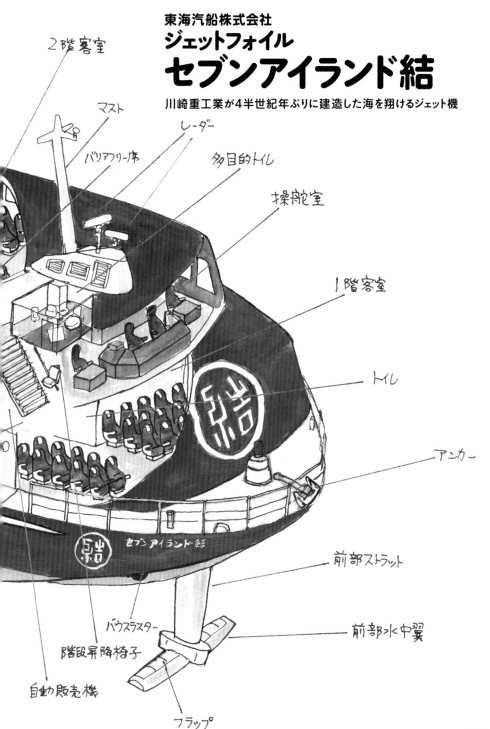

2階客室

マスト

バリアフリー席

レーダー

多目的トイレ

操舵室

1階客室

トイレ

アンカー

前部ストラット

前部水中翼

バウスラスター

階段昇降椅子

自動販売機

フラップ

セブンアイランド結

航空機メーカーが造った
海のヒット作

　現在、佐渡航路、壱岐対馬航路、五島列島航路、種子島屋久島航路など離島航路を中心に日本各地でいまだに活躍している水中翼高速船のジェットフォイル。

　もともとはアメリカの飛行機メーカーであるボーイング社が軍事用に開発したボーイング929という高速艇であったが、1974年から民間用が造られ、1977年（昭和52年）の佐渡汽船おけさ以来、日本にも数多く導入されたが1985年に同社は生産中止、その後は日本の川崎重工業がライセンス生産をしていたものの1994年（平成6年）にはその川崎重工も生産を終了し、気が付けば25年という長い月日が経っていた。

　クジラなどの海洋生物との衝突などに弱いという欠点はあるものの、海面に接している部分が極端に少ないため波浪の影響を受けにくく、揺れが少ないため、どこの運航会社も重宝していたが近年、さすがに老朽化が目立つようになってきていた。

　それでもこのサイズの船としてはかなり高額であろう建造費に各社とも二の足を踏んで古い船を大事に使っていたのだが、ついに伊豆諸島北部の旅客輸送で重要な存在としてきた東海汽船が勇気を奮って唯一の建造可能メーカーである川崎重工業神戸工場に依頼して造ったのがこのセブンアイランド結である。

　建造にあたっては25年のブランクを埋めるためにすでに引退し、神戸工場で保管してある同じ東海汽船のセブンアイランド夢を参考にしたり、一部のパーツを再利用するなど苦労を重ね、2020年（令和2年）つ

操縦席

黒一色で統一されたまるで航空機のコックピットのような操舵コンソール。クジラ類との衝突を回避するためのUWS（水中音響発生装置）を備える。

いに新造貨客船さるびあ丸と同時にデビューした。

　ちなみに保管してあるセブンアイランド夢は川崎重工業の工場の神戸港に面したところに全ての水中翼関連部品が外され、機関室も客室も空っぽの状態（船名や会社名、ファンネルマークは当時のまま）で置いてあり、神戸港を走る遊覧船やレストラン船からは間近に見ることが出来る。

見た目46年前そのままで
中身は最新

　さて、その新造船セブンアイランド結だが、船内を見ると現代の船らしくバリアフリーを積極的に採用して多目的トイレや昇降チェア付き階段、車いすスペースなどが備わっている。しかしそれを除けば船の外見含めて、驚くほど46年前の船内外のデザインがそのまま受け継がれているのには驚かされた。それだけ当時のボーイング社の基本設計が完璧なものだったのだろう（オリジナル性を

取り入れている余裕がなかったとは思わないでおこう)。

ただし実際に座席に座ってみるとほかの古い船に比べてホールドやクッションはよくなり快適性が増している印象をうけた。

一方、操縦席を拝見するといままでの丸型メーターや各種スイッチ類が多くの液晶ディスプレイに替わってデジタル化され、いかにも最新の船だという印象を受けた。

さて、彼女を含め、これらジェットフォイルの乗り心地は普通の船とはまるで違っている。

その名の通りガスタービンエンジンによるウオータージェットの噴射で海面から船体が数十センチから1メートル以上浮き上がって航行しているため、多少の波では揺れを感じることはほとんどない。かえってコトコトという振動が心地よく眠気を誘うぐらいである。波高2〜3m前後(3.5mまで航行可能、ボーイング社のテストでは波長の長いうねりであれば13mの波高でも航行できたとのこと)の白波が立って普通の船なら船酔い者が現れるぐらいになってもこの船の揺れはちょうど航空機が気流の悪いところに入ったよ

うなドスン、ドスンというもので普通の振幅の大きい揺れとは全く別物、かなり酔いにくいと思う。

このように船内の様子、ジェットエンジンの甲高い音、乗り心地、どれをとっても普通の高速船とは全く違い、ボーイングの名の通りまるで航空機に乗っているようで、時速換算80km以上の速さでほかの船を次々と追い越していくのを窓から見るのは気持ちがいい。ただし安全上、シートベルト着用が不可欠で船内は歩きまわれず、ましてや外部デッキに出ることなど全く出来ないのでいわゆるのどかな船旅気分を求めたり、景色を撮影しようという方には不向きかもしれない。

またどうせ乗るならこの最新のセブンアイランド結に乗りたい!と思う方もいらっしゃると思うが、4隻ある東海汽船のジェットフォイルは東京や熱海などから様々な寄港地、目的地で出ており、どの船に乗るかは一般には当日でなければわからない。そのため、船を選んで乗ることは難しいことはご承知おき願いたい。

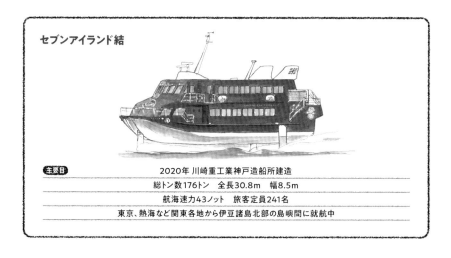

セブンアイランド結

主要目	2020年 川崎重工業神戸造船所建造
	総トン数176トン　全長30.8m　幅8.5m
	航海速力43ノット　旅客定員241名
	東京、熱海など関東各地から伊豆諸島北部の島嶼間に就航中

JR九州高速船株式会社
三胴型高速客船
QUEEN BEETLE
（クイーンビートル）

博多〜釜山航路に就航するオーストラリア製の
中型トリマラン高速船

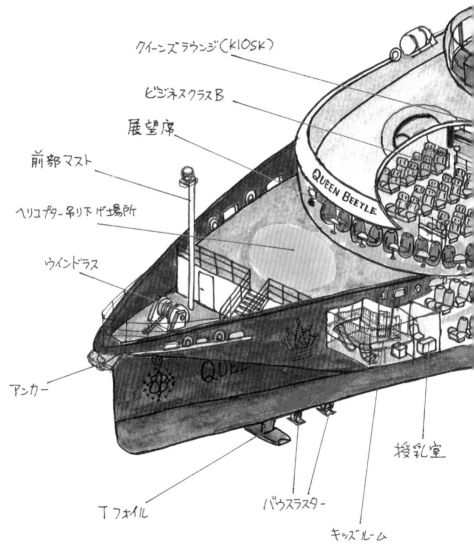

クイーンズ ラウンジ（KIOSK）

ビジネスクラスB

展望席

前部マスト

ヘリコプター吊り下げ場所

ウインドラス

アンカー

授乳室

Tフォイル

バウスラスター

キッズルーム

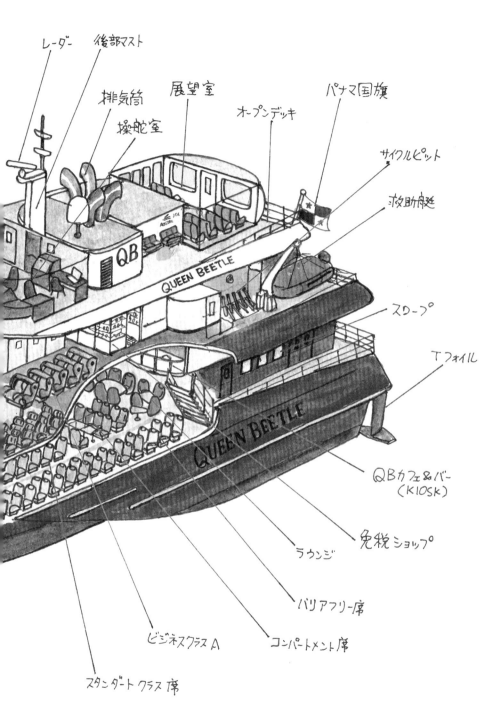

レーダー
後部マスト
排気筒
操舵室
展望室
オープンデッキ
パナマ国旗
サイクルピット
救助艇
スロープ
Tフォイル
QBカフェ&バー
（KIOSK）
免税ショップ
ラウンジ
バリアフリー席
ビジネスクラスA
コンパートメント席
スタンダードクラス席

生まれた時期が不幸だった
美しすぎる船

　かつて戦前の下関〜釜山航路に興安丸などの関釜連絡船を数多く就航させてきた鉄道省（のちの日本国有鉄道）をルーツに持つJR九州高速船は、長年にわたって福岡の博多港から釜山港まで高速船ジェットフォイルのビートルを運航していたが、より大型化と快適性（船内を自由に動き回れてデッキにも出られる）を求める声に押され、オーストラリア高速船メーカー、オースタル社の三胴タイプ（トリマラン）の高速船の導入を決めた。それがこのクイーンビートルである。

　オーストラリアの高速船というと別の会社の双胴タイプ（カタマラン）ウェーブピアサーが日本ではフェリーとして採用され有名であるが、その形状の関係で横揺れがかなり激しく、波荒い日本近海では決して評判は芳しくない。

　その点、中央にメインの細い船体を持ち、幅広いデッキは両側のさらに細長いハルで浮力を支えるこの三胴タイプは比較的横揺れが少ないとされ、36ノットの速力はジェットフォイルに比べれば遅いものの、シートベルトから解放されるなどの快適性と安全性の点から採用されることとなった。

　さらに海外で建造することの諸課題は外国航路であるためにパナマ船籍、民間船級にすることにより工期短縮効果等で建造コストを多少抑える等、解決することが出来た。

　ところが建造中の2020年（令和2年）に世界中を襲った新型コロナウイルスの影響で主要機器の検査技師がオーストラリアに入国出来なくなったため、完成は半年程度遅れ、そしてようやく完成したもののコロナウイルスの猛威は収まることがないため本来の博多〜釜山航路に就航することが出来ず、パナマ船籍であることから国内航路の転用も効かず、博多港到着後も試運転以外はずっと埠頭に係留したままの状態になっていた。

　本来外国籍の船舶は法律により国内航路のみの就航は認められていないのだが、こんな悲しい状況を打破するために、2021年に国交省から無寄港の遊覧クルーズであれば国内就航を行うことが彼女のみの特例で認められた。そのため、この記事執筆時点では土日祝を中心に博多港発着の1時間半から3時間程度の無寄港遊覧クルーズに就航しており、特に玄界灘の孤島でユネスコの世界文化遺産になっている「神宿る島」こと沖ノ島周辺を遊覧するクルーズの人気が高い。

まるでイタリアンスーパーカー

　初めて博多港でその姿を見たときはそのスレンダーな船体とJR九州のコーポレートカラーである深紅のカラーリングはイタリアのスポーツカーのフェラーリを連想させ、おもわず「か、かっこいい!」とため息をついてしまった。

　彼女の船体と内装のお洒落なデザインは、数多くのJR九州の列車のデザインを手がけた水戸岡鋭治氏によるもので、外装には氏の特徴である Queen Beetle やQBといった船名がいたるところに書いてある。

　また、総トン数は数字上でこそ2600トン足らずにはなっているが20mの全幅はおよそ1万トンクラスの客船に匹敵し、内部はとても広々している。

　三層構造の1階は382席のスタンダードクラスがメインで、後部にKIOSKカフェ、さ

らに背後は大型手荷物や自転車の移動に便利な、つづら折りとなった長いスロープが配置されている。また船首側にはキッズルーム（左舷）と授乳室（両舷）もあり家族連れにも十分に配慮されている。

高速船ながらクルーズ船の乗り心地

2階に上がるとそこは120席の座席数のビジネスクラスでやはりスタンダードクラスよりゆったりしている。

特に丸窓付きのカプセルに包まれるようなビジネスAのシートはリクライニング角も大きく、私などは座ったとたん居眠りしそうになったほど心地よい。

そして中央には1階と同様のKIOSKカフェ、後方にはブティックのような広い免税ショップが用意されている（もちろん国内クルーズの際は免税ではない）。

さらにその上の操舵室がある3階に上がると、船尾にはさほど広くはないものの、三方をガラス窓で囲まれた展望室があり、その周囲は木目調の開放デッキになっている。こうして外の空気を味わえてクルーズ客船

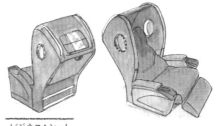

ビジネスAシート

ビジネスシート共通で140cmのシート前後間隔と160度のリクライニング機構があり、AC電源、USBポート、読書灯にフットレストも備わる。

気分に浸れるのが従来のジェットフォイルと最も大きく違う利点と言っていいだろう。勢いよく船尾のノズルから噴き出すウオータージェットの水しぶきと独特の航跡を眺めているだけでもとても楽しい。

ともかくこんなスタイリッシュで快適な大型高速船、しかもパスポート不要で外国船籍の船に短時間の国内遊覧クルーズで乗れるチャンスなんておそらくもう二度と訪れないと思う。

はやくコロナが収束して本来の博多〜釜山航路に就航してもらいたいが、それまでの間に少しでも多くの人が彼女の航海を体験できることを願ってやまない。

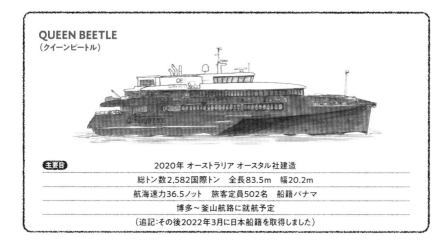

QUEEN BEETLE
（クイーンビートル）

主要目	2020年 オーストラリア オースタル社建造
	総トン数2,582国際トン　全長83.5m　幅20.2m
	航海速力36.5ノット　旅客定員502名　船籍パナマ
	博多〜釜山航路に就航予定
	（追記：その後2022年3月に日本船籍を取得しました）

オホーツク・ガリンコタワー株式会社

砕氷遊覧船
ガリンコ号Ⅲ IMERU

世界でも珍しい砕氷方式を持つオホーツク海の流氷観光遊覧船

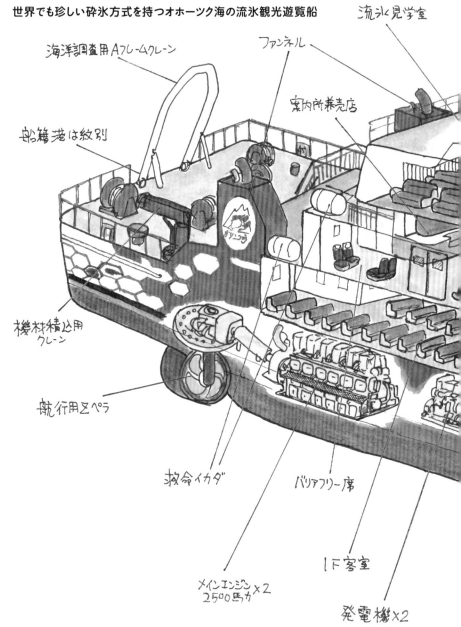

海洋調査用Aフレームクレーン

ファンネル

流氷見学室

案内所兼売店

船籍港は紋別

機材積込用クレーン

航行用スクリュープロペラ

救命イカダ

バリアフリー席

1F客室

メインエンジンx2
2500馬力

発電機x2

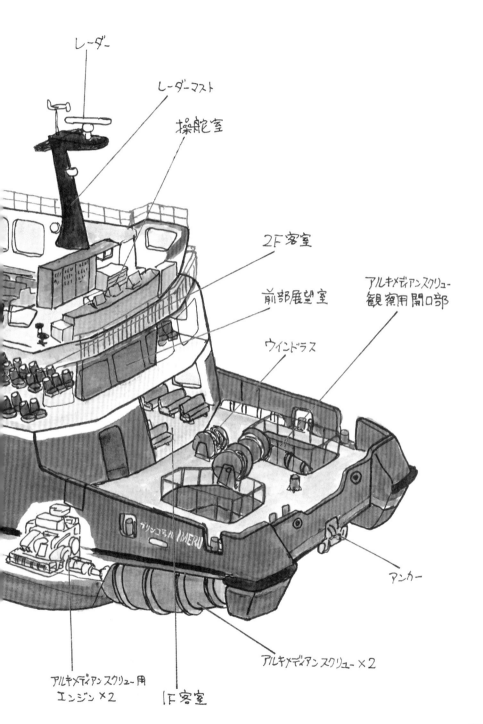

レーダー

レーダーマスト

操舵室

2F客室

前部展望室

アルキメディアンスクリュー
観窓用開口部

ウインドラス

アンカー

アルキメディアンスクリュー用
エンジン×2

1F客室

アルキメディアンスクリュー×2

053

アルキメディアンスクリューの威力

　南北に細長い日本列島は南はヤシの木茂る亜熱帯の島から冬は雪と氷に閉ざされる厳しい自然の北の大地まで、様々な風景を見ることが出来る。

　北海道の北部、オホーツク海に面した地域では毎年冬になると遠くカラフトの北部海域で出来た流氷が沿岸近くまで流れ着き、それを一目見ようと毎年多くの観光客を集めているが、その沿岸の街の紋別港では以前よりその流氷を砕いて進むガリンコ号という遊覧船が就航し、このたび三代目にあたるこのガリンコ号Ⅲ IMERU が就航した。

　普通、砕氷船というと南極観測隊が使う砕氷艦AGB-5003しらせのような、その船の重量と馬力と分厚い船首材で、力任せに氷を割り砕いて進む船を連想するが、この歴代のガリンコ号は船首に一対のアルキメディアンスクリューといういかにも賢そうな名前の巨大なネジのような砕氷ローターを持ち、それを氷の上で回転させることによって砕いて進んでいくという船舶では珍しい方式を採用した。

　ちなみに同じオホーツク海沿岸でももっと東の網走市では、しらせなどと同じ力任せタイプの砕氷遊覧船のおーろらとおーろら2を就航させている。

　建造地の九州から紋別に回航途中の横浜港で、砕氷艦と同じアラートオレンジという氷海でも視認性抜群の色に塗られたこの船を取材見学させてもらう機会に恵まれたが、その時にデモンストレーションで行われた、このアルキメディアンスクリューの回転テストでは、みなとみらいの海面で豪快に水しぶきを上げて回る様子を見て、その能力

アルキメディアンスクリュー

2階展望室から見た前部デッキ越しの様子。砕氷ローター部分の全長は約5.9m、太さは中央部で0.9m、重さは約3トンの鋼鉄製。

の片鱗をうかがい知ることが出来た。最も厚くて60㎝の流氷を砕くことが出来るそうである。

各方面に配慮した船の設計

　船内は3層に分かれ、1階と2階は通常の椅子席だが3階は横方向に階段状にベンチが並び、より流氷が観察しやすくなっている。また2階の最前部はブリッジの真下で前方が見渡せる大きなガラス窓の展望室になっていて、絵のように前部デッキの開口部からアルキメディアンスクリューが氷を砕く様子をつぶさに見ることが出来る。しかも背面の壁は撮影がしやすいように真っ黒に塗られているのも嬉しい配慮だ。

　後部のデッキに回ると、海洋調査船にあるようなAフレームクレーンという船尾から海底に機器を降ろせる装置が目についた。こ

れはいままでのガリンコ号ではなかったもので、一般の調査船では出来ないような流氷下のプランクトン採集など学術海中調査に対応しているとのこと。なるほど色々と各方面に気を遣っているものである。

機関室を覗かせてもらうとメインエンジンと発電機のほかに最前部にはアルキメディアンスクリュー用専用の500馬力のディーゼルエンジンが存在……無知な私はこの時まで、このローターの駆動はメインエンジンの出力の流用か、発電機で起こした電力によるモーターによるものだとばかり思っていたのでびっくりさせられた。

そして通常の航海は2基の2500馬力のエンジンを使い、通常のタグボートと同じ全旋回型のポッド推進であるZペラを回して進む。今までのガリンコ号は普通の固定プロペラと舵だったので、遥かに操縦性が向上したとのことである。

さらに驚いたのはこの船、遊覧船でありながら最高速力16ノットで航行できるということ。先代のガリンコⅡは11ノットだし、普通の遊覧船はせいぜい10ノットぐらいなの

になぜそんなにスピードが出るのかを船長に尋ねたところ、「今までの船の速度では遥か遠方に流氷がある場合、設定されている航海時間内に流氷にたどり着くことが出来ず、せっかく見に来てくれたお客様をがっかりさせてしまったことがよくありました。そんな悔しい思いを少しでも無くすため、このスピードにしたんです」との回答。前日の夕方に港まで流氷が押し寄せていても夜が明けてみると全くその姿が見えないということもよくあるそうで、建造費や燃費は嵩んでもお客様最優先に建造するという会社の姿勢に感動を覚えた。

彼女による流氷クルーズは流氷が紋別にやってくる1月中旬から流氷が離れる3月中旬（その年の流氷具合で変動あり）まで行われ、その起点である紋別海洋公園の敷地内には初代のガリンコ号が北海道遺産として陸上展示されている。

海一面が氷に覆われる世界は、日本ではこの海域でしか体験することが出来ない貴重なもの……寒さが大の苦手の私でもいつかはこの目で見てみたい光景である。

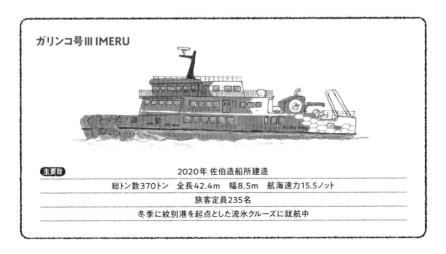

ガリンコ号Ⅲ IMERU

主要目	2020年 佐伯造船所建造
	総トン数370トン　全長42.4m　幅8.5m　航海速力15.5ノット
	旅客定員235名
	冬季に紋別港を起点とした流氷クルーズに就航中

株式会社シーライン東京
レストラン船
シンフォニー モデルナ
東京港史上最大のレストランクルーズ船

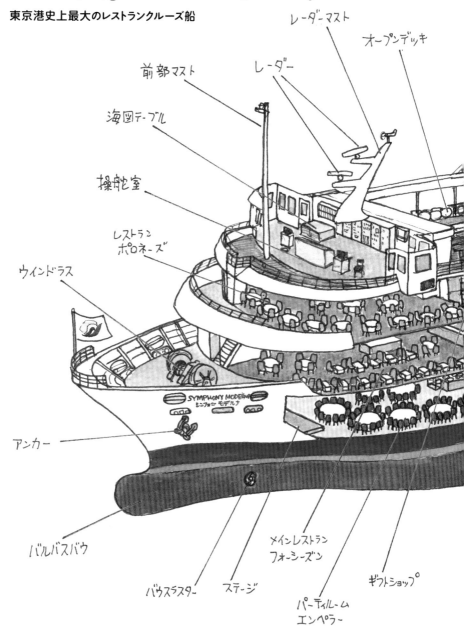

レーダーマスト

オープンデッキ

前部マスト

レーダー

海図テーブル

操舵室

レストラン
ポロネーズ

ウインドラス

アンカー

バルバスバウ

バウスラスター

ステージ

メインレストラン
フォーシーズン

パーティルーム
エンペラー

ギフトショップ

SYMPHONY MODERNA
シンフォニー モデルナ

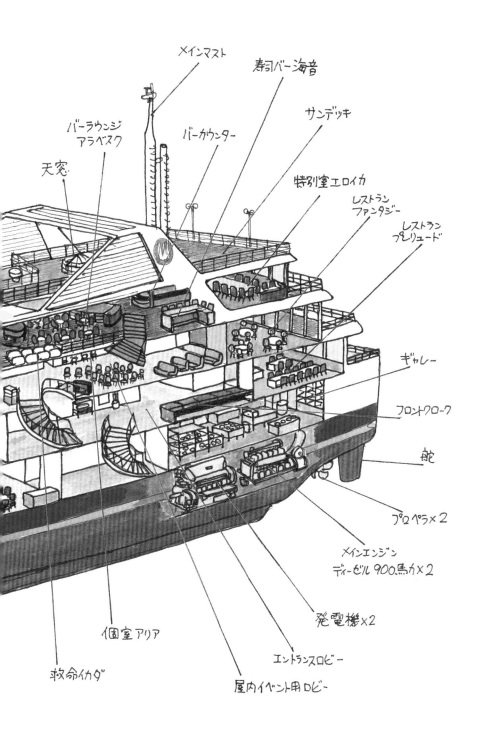

メインマスト

寿司バー海音

バーラウンジ
アラベスク

バーカウンター

サンデッキ

天窓

特別室エロイカ

レストラン
ファンタジー

レストラン
プレリュード

ギャレー

フロントクローク

舵

プロペラ×2

メインエンジン
ディーゼル900馬力×2

発電機×2

個室アリア

エントランスロビー

救命イカダ

屋内イベント用ロビー

バブル時代の繁栄を今に伝える船

　世の中がバブル景気と呼ばれて、たいていの人がもっと景気が良くなっていくと思い込んでいた時代も末期の1989年（平成元年）、海運業界ではかっこよくクルーズ元年と言われて、次々と外航クルーズ客船の計画が進み（それまで日本のクルーズ客船は中古船かフェリーや貨客船を改造した船しかなかった）、内航客船でも欧米のレストランクルーズを振興させようとどんどんレストラン船が造られるようになっていた。

　東京港でその先鞭をつけたのが観光バスの株式会社はとバスグループの株式会社シーライン東京で、当時お洒落スポットになりつつあった芝浦近くの日の出ふ頭で1100トンのスタイリッシュなレストラン船シンフォニーを就航させた。そしてその大成功に気を良くして3年後の1992年（平成4年）、さらに倍以上の大型化をしたシンフォニー2をデビューさせ、6年後のリニューアルと同時に船名を替えたのが現在のこのシンフォニーモデルナである。

　ちなみにお姉さんであるシンフォニーも、このモデルナの改名と同時期にリニューアルを行いシンフォニークラシカと名前を替えて現在に至っている。

広く多彩な船内

　船内はクラシカが旅客スペースが3層なのに対して4層構造となっており、大小6つのレストランやパーティ会場、バーラウンジ、イラストのような個室、寿司カウンターを持つ、まさにクルーズを楽しみながら食事をすることに特化した船である。

　どの部屋もそれぞれ個性的なインテリアを

個室アリア

定員2名から4名までの個室で、使用料金は1万円（別途食事代がかかる）。二人きりの特別な記念日や人目をはばかる秘密デートにお使いいただきたい。

持っているが、特筆すべきは4階の寿司カウンターの海音（かのんと読む）で、おそらく日本のレストラン船で唯一の和食スペースだろう。外航クルーズ客船では飛鳥IIには海彦、にっぽん丸には潮彩という寿司バーがあるが、どちらも海に背を向けて座るため、せっかくの船旅気分を味わうことが出来ない。ところがこの船はカウンターが大きな外の窓ガラスに向いて設置されているので東京港の美しい夜景や羽田空港を飛び立つ航空機を眺めながら美味しい寿司懐石をじっくりと味わうという至福の時を過ごすことが出来る。

　またこの寿司カウンターに続くバーラウンジのアラベスクはレストランでの食事を予約せず、乗船料だけでもゆっくりと座って過ごすことが出来、ソフトドリンクや軽食、お酒を単品で注文することが可能なのでちょっと港に遊びに来たついでに気楽に乗船してもらいたい。私なんかは実をいうとこの船の乗船の大半がこんな感じですごしている。

　このバーラウンジから外に出ると前方のブ

リッジとの間に広いオープンデッキがある。

　イベントクルーズでは様々な催し物が行われ、さらに階段を昇った屋上のトップデッキとともに床が全てチーク材張りで心地よく、東京港を入出港する船舶や羽田空港を離発着する航空機の撮影にももってこいである。

　そして3階にはクルーズも終盤間近になると歌や楽器の演奏などのミニコンサートが開かれる屋内イベント用ロビーがあり、近くには国内のレストラン船では珍しい船内ギフトショップも完備されている。

楽しい企画クルーズの数々

　またこの会社は通常の一日4回のほかに一般向けの企画クルーズも得意としており、特に真夏の夜に行われる深夜12時を過ぎてから出港し、早朝まで航海してデッキで星空観察会や明け方のヨガ教室などが行われる「真夜中のピクニッククルーズ」や遠く横須賀沖合まで遠征して海ほたるの橋も潜るなんと6時間の「大航海クルーズ」は人気が高い。

　私は以前、この船で行われたフレンチの鉄人、坂井宏行シェフによるタイタニックの最後のディナーをアレンジした「美食ナイトクルーズ」で監修とポスターのイラスト製作および解説者として参加したことがあるが、それはとても楽しいものだった。

　このように船は少し年季が入ってしまっているが、食事、船内の雰囲気、エンターテインメントと、どれをとっても外航クルーズ客船に引けをとらない素晴らしいもので、海外のクルーズになかなか行けないとお嘆きの方はぜひお乗りになり食事とクルーズを楽しまれることをお勧めしたい。

　なお、お姉さん格のシンフォニークラシカは現在ほとんど団体チャーター専用になってしまって普段は乗ることが出来ないが、船内の造りはバブル景気さなかの建造だけあってモデルナより一層ゴージャスにできている。特に中央の階段の真鍮の手すりはいつもピカピカに磨き上げられていて優雅な気分になれる。船長が結婚式の立会人を務めるウエディングクルーズとしても少人数でチャーター可能で、料金もほとんどホテルの挙式と変わらないことを付け加えておこう。

シンフォニー モデルナ

主要目	
1992年 神田造船所川尻工場建造	
総トン数2,618トン　全長83.2m　幅13m	
航海速力12.8ノット　旅客定員600名	
東京港日の出ふ頭から1日4回のレストランクルーズに就航中	

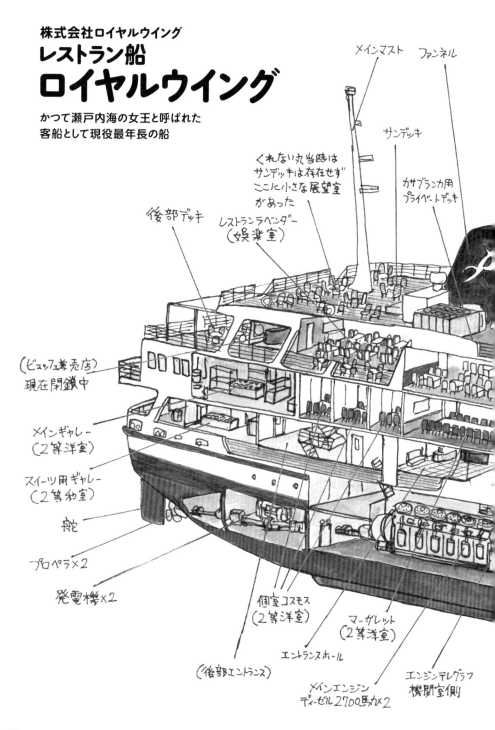

株式会社ロイヤルウイング
レストラン船
ロイヤルウイング

かつて瀬戸内海の女王と呼ばれた
客船として現役最年長の船

メインマスト
ファンネル

サンデッキ

くれない丸当時は
サンデッキは存在せず
ここに小さな展望室
があった

カサブランカ用
プライベートデッキ

後部デッキ

レストランラベンダー
（娯楽室）

（ビュッフェ兼売店）
現在閉鎖中

メインギャレー
（2等洋室）

スイーツ用ギャレー
（2等和室）

舵

プロペラ×2

発電機×2

個室コスモス
（2等洋室）

マーガレット
（2等洋室）

エントランスホール

（後部エントランス）

エンジンテレグラフ
機関室側

メインエンジン
ディーゼル2700馬力×2

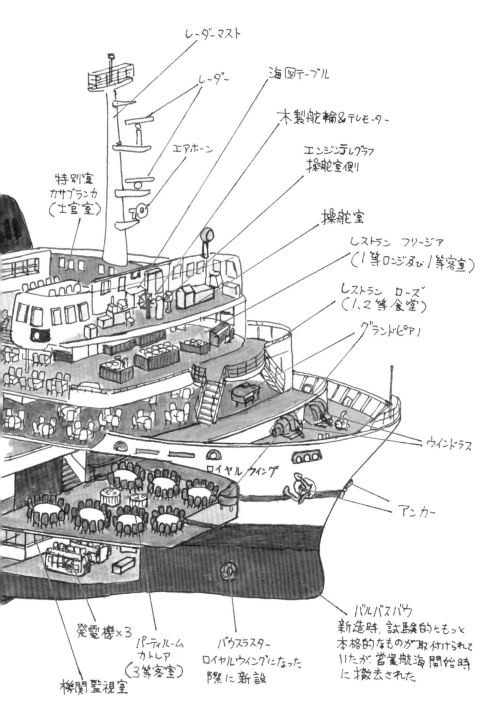

（　）内は1960年、くれない丸として新造当時の名称

レーダーマスト

レーダー

海図テーブル

木製舵輪&テレモーター

エンジンテレグラフ
操舵室側

エアホーン

特別室
カサブランカ
（士官室）

操舵室

レストラン フリージア
（1等ロンジ及び1等客室）

レストラン ローズ
（1、2等食堂）

グランドピアノ

ウインドラス

ロイヤル ウイング

アンカー

発電機×3

パーティルーム
カトレア
（3等客室）

バウスラスター
ロイヤルウイングになった
際に新設

機関監視室

バルバスバウ
新造時、試験的にもっと
本格的なものが取付けられて
いたが、営業航海開始時
に撤去された

瀬戸内海の女王の華麗なる転身

　太平洋戦争の傷も癒え、日本が高度経済成長時代に入ったころの1960年（昭和35年）2月、神戸の造船所でそれは美しい一隻の客船が誕生した。

　彼女の名は、くれない丸。西の旅客船業界の雄だった関西汽船がその前身である大阪商船時代から大切に運航してきた紅丸（くれなゐ丸）の名称を引き継ぎ、花形ルートだった大阪／神戸〜別府航路に就航させた3代目である。

　それまでの同社の船からは大幅にサイズアップされ、流線型の船体とファンネルを持ち、明るいオリーブグリーンに塗られたその姿は、のちに誕生した姉妹船のむらさき丸とともに瀬戸内海の女王と呼ばれていた。

　当時はまだ海外旅行が高嶺の花の時代で、国内の航空路線もまだ発展途上。関西地方から九州に行くのは鉄道か船を利用することが多く、豪華な船室を持つ彼女たち姉妹は新婚旅行客に、出張のビジネスマンに、修学旅行の学生たちに人気を博し、特に昼間の美しい多島海を走る航路は観光路線として海外からの観光客にも評判となり、東洋の地中海ともてはやされた。

　しかし時は流れ、航空路線が整備され、山陽新幹線も開業、瀬戸内海航路もモータリゼーションの発達で現在のような大型のカーフェリーに置き換わられるようになると、彼女たち純客船の存在は次第に目立たなくなっていく。

　建造から20年以上が経過し、もうすっかり年季の入ってしまった彼女は九州の造船所でながいあいだ係留され、引き取り手が

なければ解体かと思われていた矢先、世の中はバブル時代となりレストランクルーズ船建造ブームがやってくる。そんな中、新造船ではなく既存船の改造でレストラン船事業を展開しようとしていた会社の目に止まり、客室は全て飲食施設にしてリニューアル大改装工事の末、横浜港でレストラン船として見事に再生を果たし現在に至っているのが、このロイヤルウイングである。

　その後、所有会社は次々と変わり、船内のレストランの営業形態もどんどん変わっていったものの、その建造当時のクラシカルで美しい姿はほとんど変わらず（塗装を除けば新造当時と変わって変更が目立つのはブリッジ下1階、2階の窓の配置とトップデ

映画「タイタニック」でも見られるような年代物のエンジンテレグラフ（右）と木製の操舵輪付きテレモーター（左）がごく普通に大事に使用されている。

操舵室の操船機器

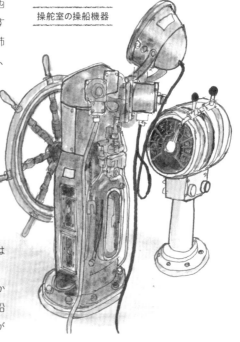

ッキにあった展望室がなくなり、その周囲が広いサンデッキになったことぐらい）30年以上経過した今でも元気で横浜港の大さん橋からクルーズに出ている。

美味しい中華コースと博物館級の操縦機器

船内には結婚式も開かれる2層吹き抜けの大ホールをはじめ大小7つの食事会場があり、仕込みから調理まで一貫して船内厨房で行なう本場仕込みの中華料理のコースメニューが提供されるが、これがいかにも中華街の街ヨコハマらしくて美味しい。料理の合間には生演奏はもちろんのこと、接客スタッフによるバルーンアートの実演とその作品のプレゼントもあり、飽きることがない。

最上部のサンデッキに出るとくれない丸時代にはなかったウッドデッキが床全面に張られ、船旅を楽しむ雰囲気にあふれている。手すりや艤装品などは建造当時からずっと使われているものも多く、彼女を大事に使っている会社の姿勢がうかがえる。

そのことをもっと強く感じられるのは特別コースの操舵室、機関室見学プラン（食事つき有料）である。これに参加して見る建造当時からの、イラストのような博物館級の操船設備や機関類は最近の船では絶対に見ることのできないとても貴重なものである。

見学した他船の船乗りさんが「ま、まさかこれらを実際に使っているんじゃなくて、別の場所に本物の操舵室があるんですよね?」と言ったとか……大丈夫! 過給機も外して速力こそ6ノット程度のよちよち歩きになってしまったものの、本当にこれらの機器を大事に使って元気に横浜港中を走り回っている。

ただしこんな楽しい見学コースもコロナ禍により執筆現在では実施されなくなったのは残念でならない。

新造当時、新婚旅行で乗ったカップルのお孫さんが彼女の船内で結婚式を挙げるぐらいの時の流れの中で、いつの間にか国内で現役最年長の客船となってしまったが、そのクラシカルで美しい姿と美味しい料理は、船好きはもちろんのこと、港町横浜を愛する人たちを中心に絶大な支持を集めている。

これからも末永く走り続けてもらいたい。

ロイヤルウイング

主要目	
1960年 三菱重工業神戸造船所建造	
総トン数2,876トン　全長86.7m　幅13.4m	
航海速力19.6ノット（新造時）　旅客定員630名	
横浜港大さん橋より一日4回のレストランクルーズに就航中	

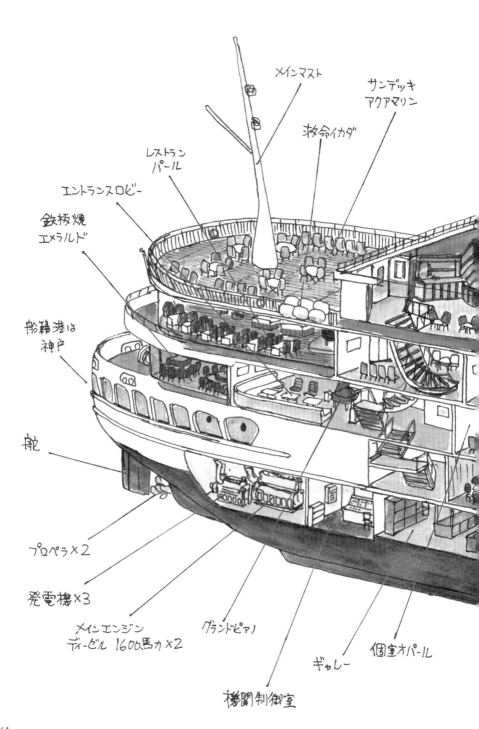

メインマスト

サンデッキ
アクアマリン

救命イカダ

レストラン
パール

エントランスロビー

鉄板焼
エメラルド

船籍港は
神戸

舵

プロペラ×2

発電機×3

メインエンジン
ディーゼル 1600馬力×2

グランドピアノ

ギャレー

個室オパール

機関制御室

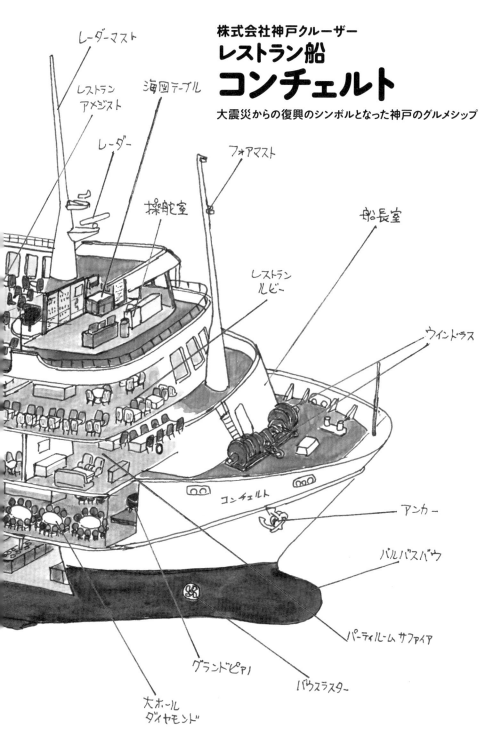

株式会社神戸クルーザー

レストラン船
コンチェルト

大震災からの復興のシンボルとなった神戸のグルメシップ

レーダーマスト

レストラン
アメジスト

海図テーブル

レーダー

フォアマスト

操舵室

船長室

レストラン
ルビー

ウインドラス

コンチェルト

アンカー

バルバスバウ

パーティルーム サファイア

グランドピアノ

バウスラスター

大ホール
ダイヤモンド

065

阪神淡路大震災からの
復興のシンボル

　神戸を代表する観光地のハーバーランドの中心商業施設、MOSAICの前の高浜岸壁に一隻の白い瀟洒なレストラン船が停泊している。1993年（平成5年）建造の当時の船名シルフィード時代からここで営業を続けているコンチェルトである。

　彼女がシルフィードという船名で香川県の三豊市で誕生し、この神戸でレストラン船として就航した。わずか2年後の1995年（平成7年）1月17日、阪神、淡路地区を大規模な直下型地震が襲い、神戸の街は壊滅的な大被害を受けてしまった。しかし当時この神戸を起点に、一部大阪にも寄港するクルーズを行っていたシルフィードは、停泊している高浜岸壁は地盤が強固だったのか、奇跡的に船も岸壁も何の被害もなく、その日予定通りに神戸を出港して定期検査のため大阪のドック（こちらも被害はなかった）に入渠することができた。

　しかしながら次第に地震の影響による神戸の惨状が明らかになるにつれ、被災地の支援が必要であると考え、検査をわずか3日で切り上げ、急遽、神戸に戻って寸断された鉄道、道路網に替わって被災者の大阪までの輸送に奔走し続けた。

　神戸から大阪の天保山まで往復3時間の航海を1日4回、船内のレストラン用のテーブルや椅子は撤去して、非常事態ということで定員をはるかに超える被災者や多くの救援物資を乗せ、乗下船時間を含めると1日15時間近いフル稼働がしばらく続いたという。

　そんな状況はひと段落したが、その後は大阪起点のクルーズがメインになり、被災した神

個室

この船にはこのような小部屋がいくつか存在し、プライベートな食事や結婚式の控室として使われている。

戸の街に観光客の姿はなかなか戻らなかった。やがて会社は清算され、大活躍したシルフィードは淋しく小豆島に係留され続けていた。

　しかし1997年（平成9年）になると状況は一転、支援の手が差し伸べられ、シルフィードから現船名のコンチェルトとなり、同じ神戸の高浜岸壁から神戸復興のシンボルとして見事に復活、現在に至っている。

美味しい料理と神戸周辺の
景色が味わえる贅沢なコース

　3本のマストを持つまるでヨットのようなスタイリッシュな船型は、当時東京港でレストラン船として成功していたシンフォニーを手本にして建造されたそうで、そう言われてみれば客室のレイアウトはよく似ている。

　レストランは大小7カ所、そのほかに上のイラストのような個室や大規模なパーティのできるホールのダイヤモンドもあり、最上階Aデッキのアメジストは飲み物だけでも利用できるようになっている。

　食事は基本的にはフレンチコース（以前

は中華料理だった)であるが、Cデッキの後部にあるエメラルドでは本場神戸牛の鉄板焼きコースが味わえるのも見逃せない。

また、彼女の特徴は船内での生演奏に非常に重きを置いている事で、乗船時のエントランスロビーでのウエルカム演奏に始まり、各レストランでもジャズやクラシックの演奏や美しい歌声を聞きながら食事を楽しめ、下船時もやはり演奏しながら見送ってくれる。そんなアーティストの皆さんは厳しいオーディションを勝ち抜いてきた精鋭ぞろいだそうだ。

Aデッキの最後部は木目張りの広いサンデッキで、たくさんの椅子が並べられ、食後に潮風を浴びながら沿岸の風景を楽しむことが出来るようになっている。

航路は神戸港を出港して港外に出たあと、針路を西に取り、須磨海岸沖を明石海峡に向けて走っていく。航行区域の関係で明石海峡大橋を通過することは出来ずに塩屋の手前あたりで引き返してしまうが、波静かな瀬戸内海をゆっくりとクルージングするのは実に気持ちがいい。

特におすすめは17時15分から1時間45分間のトワイライトクルーズで、季節にもよるが、クルーズの前半でまだ明るい空の下を美しい沿岸風景を楽しみながら進み、やがて世界最大のつり橋である明石海峡大橋方面に沈む夕日を見ながらUターンし、戻るころには日もすっかり落ちて、マジックアワーの中を宝石をちりばめたような神戸の夜景に包まれて帰港するという、この航路のいくつもの表情が見られる素敵なコースである。

日本3大夜景のひとつと言われるこの神戸港の夜景は六甲山の上から見るのも素晴らしいがこうして船の上から眺める夜景も実に見事である。

コロナ禍で運航中止となったかつてのライバルで、その大きな船体と17ノットの快速を活かして明石海峡大橋まで行くことも出来た、同じレストラン船のルミナス神戸2も、このコンチェルトの会社が買い取ってコロナ禍が落ち着いたら再びもとのコースで就航させるとのことである。

2隻の神戸を代表するレストラン船が並んで大阪湾を走る姿をまたぜひ見てみたいものだ。

コンチェルト

主要目	1993年 讃岐造船鉄工所建造
	総トン数2,138トン　全長74m　幅13m　航海速力12ノット
	旅客定員604名
	神戸港ハーバーランドの高浜岸壁から1日4回のレストランクルーズに就航中

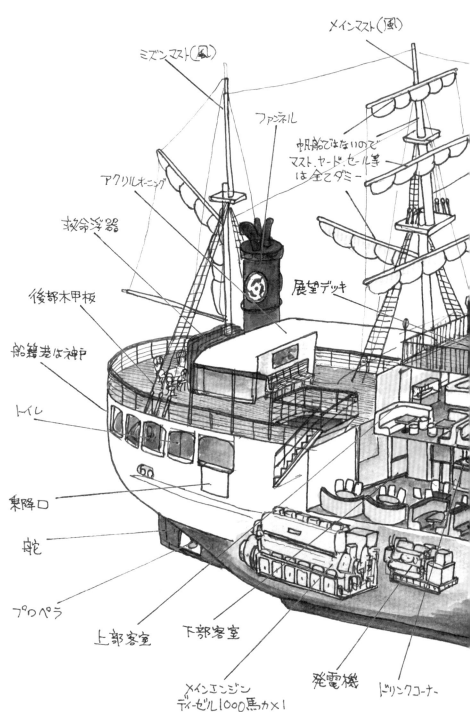

メインマスト(風)

ミズンマスト(風)

ファンネル

帆船ではないので
マスト.ヤード.セール等
は全てダミー

アクリルオーニング

救命浮器

展望デッキ

後部木甲板

船籍港は神戸

トイレ

乗降口

舵

プロペラ

上部客室

下部客室

メインエンジン
ディーゼル1000馬力×1

発電機

ドリンクコーナー

神戸ベイクルーズ
遊覧船
オーシャンプリンス

神戸港をクルーズしていた帆船チックな遊覧船

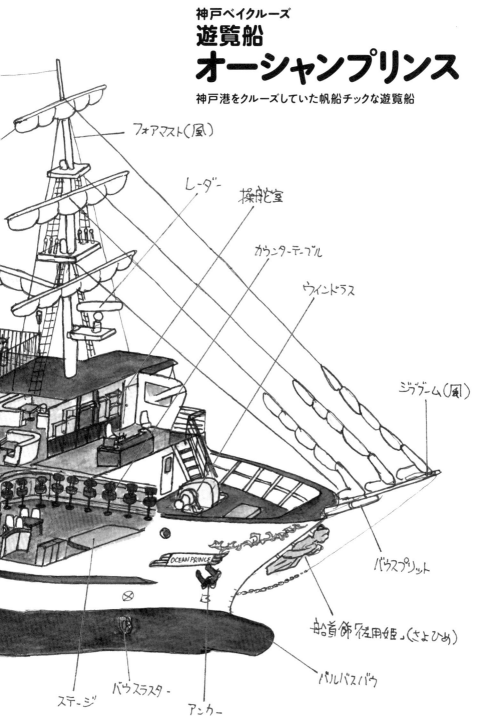

フォアマスト(風)

レーダー

操舵室

カウンターテーブル

ウインドラス

ジブブーム(風)

バウスプリット

OCEAN PRINCE

船首飾「従用姫」(さよひめ)

バルバスバウ

ステージ

バウスラスター

アンカー

さよひめ像

かなり本格的な人物像のフィギュアヘッド、絵がへたくそでわかりにくいが手に持つのは領巾(ひれ)といって古代の女性が持つスカーフのようなものらしい。

瀬戸内海航路の乗り場も
いまや遊覧船ターミナル

　神戸のポートタワーのあたりは中突堤と呼ばれ、かつては関西汽船や加藤汽船の瀬戸内海航路の客船のターミナルとなっていて別府や松山、高松など九州四国方面に向かう旅客船が終始出入りしてにぎわっており、現在の横浜港のレストラン船ロイヤルウイングも以前のくれない丸当時はここから発着していた。

　やがて、瀬戸内海航路はカーフェリーが主流となり、広い駐車場が必要なために商業ビルの立ち並ぶこのあたりからの発着は厳しくなり、新しく次々と開発された近隣の埋め立てふ頭にターミナルが移っていくようになってしまった。

　その後、利用する定期客船がなくなったこの突堤の西岸から対岸の高浜岸壁(ハーバーランド)にかけての海域が埋め立てられて完成したのが、神戸港の遊覧船の発着する中突堤中央ターミナル(通称かもめりあ)である。

　現在ここからはかつてぐらばあという船名

で長崎の三菱重工業長崎造船所で工員の通勤船として使われていた大型双胴船のBoh Boh KOBE、やはり長崎のハウステンボスで長崎オランダ村との航路に使われていたロイヤルプリンセス、それに佐賀県の唐津湾をさよひめという船名で走っていたこのオーシャンプリンスが遊覧船として就航している。

悲しい伝説のお姫様から
大海原の王子様へ

　かもめりあから眺めるとこれらの船も過去の経歴同様に個性豊かな外見をしているのだが、このオーシャンプリンスは3本の高いマストを持ち、船首にはフィギュアヘッドと呼ばれる船首像がある、まるで帆船のような見かけを持っている。

　ちなみにこのフィギュアヘッドは船名のさよひめ(佐用姫)と呼ばれる唐津に伝わる伝説のお姫様の像で、なかなかの悲しい恋の物語なのだが、ここで詳しく述べている余裕はないのでご興味のある方は検索していただきたい。

　2006年(平成18年)にそれまで神戸港の遊覧船として25年間活躍してきた、懐かしいすずかけの代船として就航、その当時はミディアムブラウンの船体だったがいつのまにか白い船体に変わっている。

　船内は2層に分かれ、下層はドリンクカウンターのあるお洒落なカフェのような客室で、上層はソファが並ぶ落ち付いたラウンジ風の客室と上下で全く異なる雰囲気の造りになっており、デッキに出ると天然木が敷き詰められ、やっぱり帆船の雰囲気を醸し出している。後部甲板にそびえる昔風のいかにも「煙突」といった趣の円筒形のファンネル

もダミーではなく本物なのが嬉しい。

その反面、もちろん彼女は帆船ではないのでヤードやバウスプリットにたたまれているように見えるセイルはダミーである。くれぐれも船員に帆をあげてちょうだいとか言わないように……ま、雰囲気だけ楽しみましょう。

航路はかもめりあを出港してまず神戸港の西側を和田岬に向かって進む、その際、右手の川崎重工業の神戸造船所のすぐわきを通るため、元東海汽船のセブンアイランド夢の陸揚げされた姿を見ることが出来る。東京の船ファンにはちょっと悲しい風景ではあるが、やはり見逃すことは出来ない。また艦艇ファンには同工場で建造している海上自衛隊の潜水艦の姿をつぶさに見ることが出来、運が良ければ進水式直後の艦番号がセイルに書かれた珍しい状態も見ることが出来るので見逃さないようにしたい。

和田岬を通過して一旦神戸港の外に出ると左に針路を切って神戸空港の沖合まで行くのでここでは航空機ファンも飛び立つ旅客機を間近に見て楽しむことが出来る。

船は「神戸港」と個性的な字で書かれた第一防波堤東灯台を通過して港内に戻り、ポートアイランドや真っ赤な神戸大橋を右手に見ながらかもめりあに帰る45分ほどのコースである(気象条件によって変動あり)。

同じ遊覧船でもBoh Boh KOBEとこのオーシャンプリンスは高さの関係で神戸大橋をくぐらず港の西側だけを走るコースを通るのだが、真っ白なホールケーキのような見た目のロイヤルプリンセスは船の高さが低いため、神戸大橋をくぐってポートターミナルのある4突堤の反対側まで行くことができる。外国の大型客船はたいていこの反対側に停泊するので客船撮影の時はロイヤルプリンセスに乗ることをお勧めする。

〈追記〉

この原稿を執筆後に、東京湾で長年就航してきた江戸時代の御座船を模した安宅丸が神戸港で再出発することになり、オーシャンプリンスは小豆島に移ることになると運航会社から発表があった。神戸で乗れないのは残念だが、新天地での彼女の活躍を祈りたい。

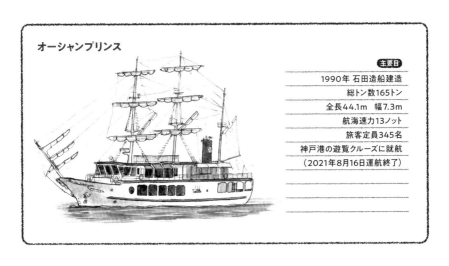

オーシャンプリンス

主要目
1990年 石田造船建造
総トン数165トン
全長44.1m 幅7.3m
航海速力13ノット
旅客定員345名
神戸港の遊覧クルーズに就航
(2021年8月16日運航終了)

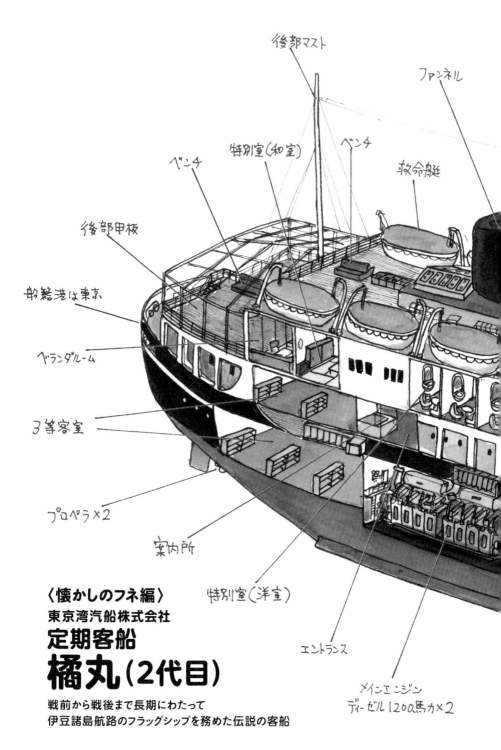

後部マスト

ファンネル

ベンチ

特別室（和室）

ベンチ

救命艇

後部甲板

船籍港は東京

ベランダルーム

3等客室

プロペラ×2

案内所

特別室（洋室）

エントランス

メインエンジン
ディーゼル1200馬力×2

〈懐かしのフネ編〉
東京湾汽船株式会社
定期客船
橘丸（2代目）
戦前から戦後まで長期にわたって
伊豆諸島航路のフラッグシップを務めた伝説の客船

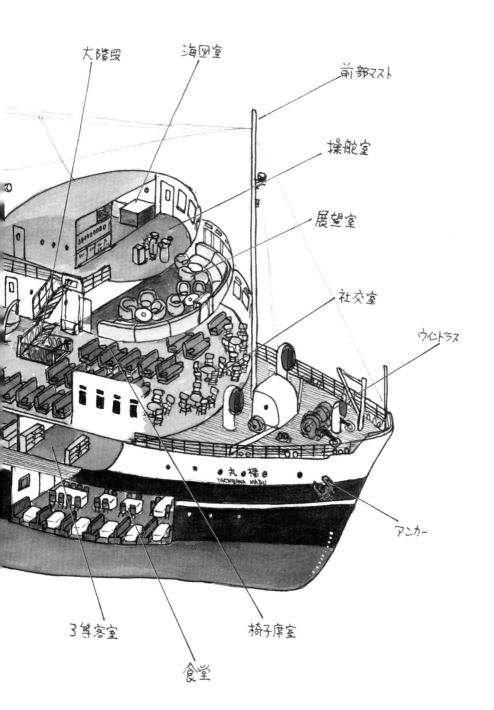

大階段 　海図室　　　　　　　前部マスト

操舵室

展望室

社交室

ウインドラス

アンカー

3等客室　　　　　　椅子席室

食堂

丸橘
TACHIBANA MARU

我慢の離島航路から
優雅な観光航路へ

　明治時代から東京港を基点として房総半島や伊豆半島の沿岸航路、そして伊豆諸島への航路を持っていた今の東海汽船の前身である東京湾汽船は1935年（昭和10年）、それまで大きくても1000トンを満たなかった同社船のサイズをはるかに上回る1772トンの純客船を建造した。これがこの同社2代目となる船名をもつ橘丸である。

　イラストはその完成当時のもので、残念ながら当時のカラー写真の資料が見当たらないため内外装の確実な色がわからず、モノクロで描いているが逆に昔の船らしい雰囲気があっていいのかもしれない。

　同社はこのころから彼女が主に就航する予定の主力の大島航路を観光航路にしようと目論んでおり、そのため従来の最低限の旅客設備を持つ船から脱却を目指し、ご覧になってお分かりのようにボートデッキの展望談話室、その下の社交室、後部のベランダ、旅客スペースとしては最下層デッキの広い食堂など当時の外国航路の貨客船にひけをとらない公室関係の設備をとても充実させていた。

　特にブリッジ下の談話室は分厚いカーペットにゆったりとしたソファが並べられ、当時船のインテリアで流行りだったアールデコのインテリアを用いたとてもデラックスなものだった。外観でもやはり当時流行っていた流線型を取り入れたため、半円形に取り巻いた部屋に大きな一枚ガラスを数多くはめ込むことで眺望を良くしている。

　客室はカーペット敷き（それまでは主に畳

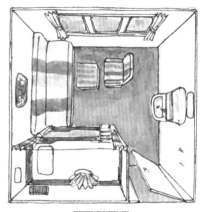

特別室洋室

洋室が10室、和室が6室あり、洋室は2段ベッドにソファが置かれたが今の一等室のようなシャワーやトイレは専用ではなかった。

敷き）の大部屋である3等客室と椅子席、上のイラストのような特別室があったが、解剖図をご覧になって2等客室と1等客室の表記がないのに疑問を持たれた方もおられると思う。実はこの船は3等が基本のワンクラスで、特別料金を払って椅子席なり特別室に入るという最近のフェリーでよく見られるようなシステムになっていたようである。

病院船として戦争を生き延びる

　そんな当時の常識を覆した東京湾の女王（当時は船でかっこいいとなんでも女王様と呼んでいた）も生まれた時代が悪く、やがて日本は日中戦争から悪夢の太平洋戦争に突入していき、東京湾汽船は現在の東海汽船と社名を改め、彼女は病院船として戦地に駆り出されてしまう。このあたりからの彼女の波乱万丈のストーリーを書いていきたいがとても長くなってしまうので、もし現在の東海汽船の橘丸（3代目）に乗船される機会があったら4階案内所の反対側に

あるラウンジに故柳原良平氏とグラフィックデザイナーでイラストレーターの西村慶明氏の共著による「橘丸物語り」という素晴らしい本の全ページが大きなパネルとなって飾ってあるのでぜひ覧になっていただきたい。

そんな経歴を持つ彼女もなんとか戦争を生き延びて、戦後は生き残った船の宿命である復員船として引揚者の輸送活動に従事し、元の大島航路に復帰した時にはすでに船齢が15年を経過していた。その後、しばらくは東海汽船が彼女よりも大きなサイズの客船を建造することはなく、初代のかとれあ丸（私が初めて船に乗って船好きの原因となった船）が1969年（昭和44年）に完成するまでなんと19年間も同社のフラッグシップであり続けた。

戦後の橘丸は竣工当時は売り物で充実していた公室は談話室が乗組員の休憩室となって閉鎖され、社交室の椅子は撤去され、広かった食堂はカーペット敷きの2等室となってしまい、3等室は2等室に、椅子席は1等室となる。ボートデッキにずらりと並んでいた救命艇は今でも国内航路で使われている

膨張式の救命いかだに変わって外見も中身も変化はしたがその美しさはそのままだった。

実は私も当時の東京港竹芝桟橋（本当は桟橋ではなくふ頭）に停泊している彼女を何度か見たことがあるが、もうすでに船齢35年を超えており、残念なことに当時、かとれあ丸やはまゆう丸、さくら丸といった最新型のかっこいい船に憧れていた少年時代の私にはボロい船だったという印象しか残っていない。……橘丸さん、ごめんなさい。今、絵に描くとなんて素敵な船だったんだろうと惚れ惚れしてしまいます。

そして1973年（昭和48年）、初代さるびあ丸のデビューとともに引退、惜しまれつつも瀬戸内海の相生の地で解体され、大島の大島町郷土資料館にその錨が保存されている。現在ではその名を引き継ぎ、最新鋭のスペックをもつ3代目橘丸が派手なイエローとグリーンのツートンに塗られて主に三宅島〜御蔵島〜八丈島航路で親しまれている。この2代目橘丸同様に永年の活躍を期待したい。

橘丸（2代目）

主要目

1935年 三菱重工業神戸造船所建造

総トン数1,772トン　全長80.4m　幅12.2m

航海速力16ノット（新造時）　旅客定員1,230名（新造時）

新造時は東京〜大島〜下田航路に就航

第**2**章

働くフネ

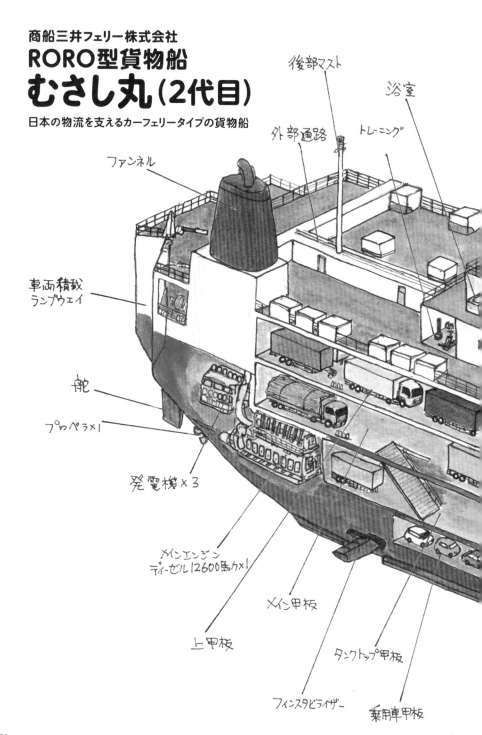

商船三井フェリー株式会社
RORO型貨物船
むさし丸（2代目）

日本の物流を支えるカーフェリータイプの貨物船

後部マスト

浴室

外部通路

トレーニング

ファンネル

車両積載
ランプウェイ

舵

プロペラ×1

発電機×3

メインエンジン
ディーゼル12600馬力×1

上甲板

メイン甲板

タンクトップ甲板

フィンスタビライザー

乗用車甲板

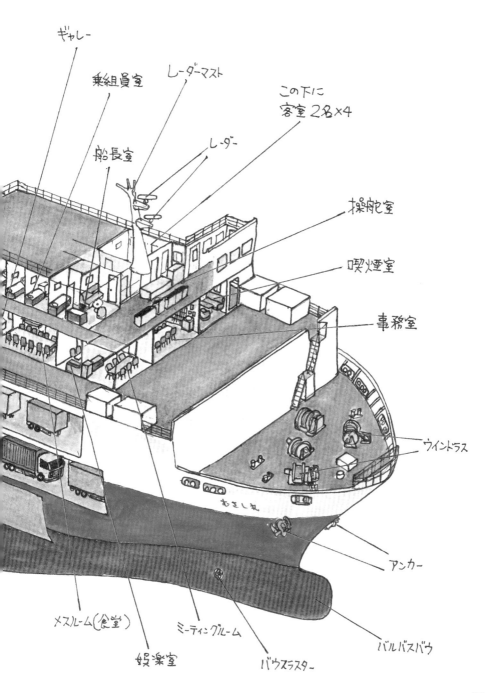

ギャレー

乗組員室

レーダーマスト

船長室

レーダー

この下に
客室2名×4

操舵室

喫煙室

事務室

ウインドラス

アンカー

むさし丸

メスルーム(食堂)

ミーティングルーム

娯楽室

バウスラスター

バルバスバウ

一般乗客を乗せない
カーフェリーのような形の貨物船

　カーフェリーや自動車専用船（PCC）のように船から岸壁に渡されたランプウェイと呼ばれるゲート付きのスロープをクルマが自走して船内に入って積み荷となる船は数が多いが、いまや一番多く見かけるのがこのむさし丸のようなロールオン・ロールオフ型の貨物船、一般的には略してRORO船と呼ばれている船だと思う。

　Roll-on Roll-offのRollは英語で転がるという意味もあるので、つまりはタイヤを転がして船に載せたり降ろしたりする船ということ、（じゃあRock & RollのRollは何なのか？と聞かれても私は知らない）対してクレーン等で積み込まれる船はLOLO船、つまりLift-on Lift-offというのだが、これはあまり使われることは無い。

　普通、乗客も乗せるフェリーの場合は貨物を積んだトラックも運転席ごと目的地まで運ばれることが多い（航路によっても違いあり）が、このRORO船は多くがコンテナなどが積まれたセミトレーラー（シャーシ）とトラクターヘッド（運転席）が連結された車体が自走して船内に入り、そのあと車両甲板にびっしりとセミトレーラーを残してトラクターヘッドだけが一目散に走って船外に降りてしまう。そして目的地で現地のトラクターヘッドが船内に入り、セミトレーラーを合体させて運び出すタイプの貨物がメインの船である。また自動車専用船に積むような商品車（いわゆる新車とか中古車）も積むことが多く、多くの場合船底近くに天井の低い乗用車専用の甲板を持っている。

　通常のコンテナ船などの貨物船と違い、陸上にクレーンなどの荷役設備が必要なく、ただ岸壁に広い駐車スペースがあればいいというのがこういったタイプの船の利点だろう。

　このむさし丸はかつて九州急行フェリー（2007年に現在の会社と合併）という会社の初代むさし丸（建造時の船名は日産むさし丸）の代替船として完成した、典型的な国内航路のRORO船で、気が付けばいつの間にかベテラン船の部類に入ってしまっている。

充実した乗組員設備

　車両甲板は通常のトラック甲板が2層と冷凍車のための電源供給設備をもつトラック甲板が1層、乗用車甲板が1層の合計4層に分かれ、その上が2層の乗組員居住の甲板になっている。

　乗船するときは船腹にはなぜか乗降口やタラップがないため、船尾の車両ランプから乗り込んでファンネル脇の階段を上がり、大きな箱状のベンチレーターがたくさん並ぶ、広い船橋甲板の後部に出ると、長い渡り廊下のような通路を渡って乗組員の船室や食堂などの公室などがある前方の居住区に向かう。

　この居住区の上層の航海船橋甲板は最前部の操舵室から乗組員用の居室が続き、最後部は浴室となっている。

　下層部は喫煙室、ミーティングルーム、娯楽室、メスルーム（食堂）、トレーニングジムなど多くの部屋があり、まるでちょっとした貨客船並みである。特に各種の機器を備えたジムは日頃運動不足になりがちな船員の皆さんにとってとてもありがたい設備だと感じた。聞いたところによると最近建造されたRORO船はこんなに設備は無いとのこと。ただこうしたタイプの船はその形状の関係で開放甲

板が広いのでそこをランニングするだけでも十分運動になると思う。

デラックスな
トラックドライバー専用客室設備

また運転席のある（変な言い方だが）トラックも少なからず積み、ごくまれにそのドライバーさんも一緒に乗船してくるケースがあるので、左舷側にはそのためのイラストのような立派な客室が3部屋（合計6名）分用意されている。

貨物船でもこのように法律上は12名までの乗客を乗せることが出来るようになっているのだが、乗客を乗せる、乗せないはその会社ごとの判断となり、この航路も、トラックドライバー以外の乗船者は受け付けていない。

またそのような乗船客も当然ではあるが、乗組員用の居住スペースやデッキには立ち入りは出来ず、専用の食堂も無いため食事の用意はしてもらえない。

したがって必ず食料を持参して乗り、航海中は冷蔵庫やポット、電子レンジも備わった客室で寝起きと食事をするしかないとい

うこともご承知おき願いたい（私はそれでも乗ってみたいと思ったが、今更トラックドライバーになるのは無理）。

商船三井フェリー（株）は現在、東京〜九州航路にこのようなRORO船を5隻、大洗〜苫小牧航路にさんふらわあ さっぽろなど旅客フェリーを4隻就航させ、わが国の物流と旅客輸送の一端を担っている。

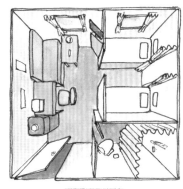

ドライバー客室

客室、2段ベッドではなくツインベッドが置かれ、ソファやデスクはもちろんのこと、シャワーや電動洗浄便座も備えられている、普通の客船、フェリーでは1等か特等クラスの部屋。

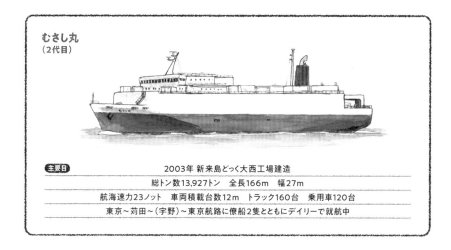

むさし丸
（2代目）

主要目		
2003年 新来島どっく大西工場建造		
総トン数13,927トン　全長166m　幅27m		
航海速力23ノット　車両積載台数12m　トラック160台　乗用車120台		
東京〜苅田〜（宇野）〜東京航路に僚船2隻とともにデイリーで就航中		

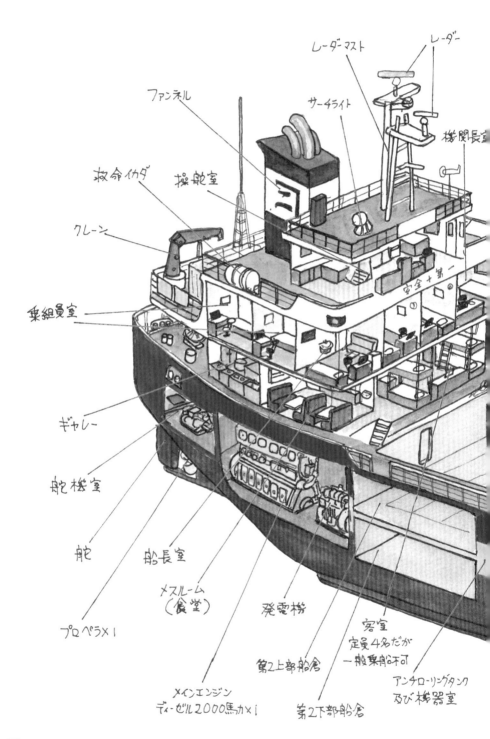

レーダーマスト

レーダー

ファンネル

サーチライト

航関長室

救命イカダ

操舵室

クレーン

乗組員室

安全＋第一

ギャレー

舵機室

舵

船長室

プロペラ×1

メスルーム
（食堂）

発電機

客室
定員4名だが
一般乗船客不可

第2上部船倉

アンチローリングタンク
及び機器室

メインエンジン
ディーゼル2000馬力×1

第2下部船倉

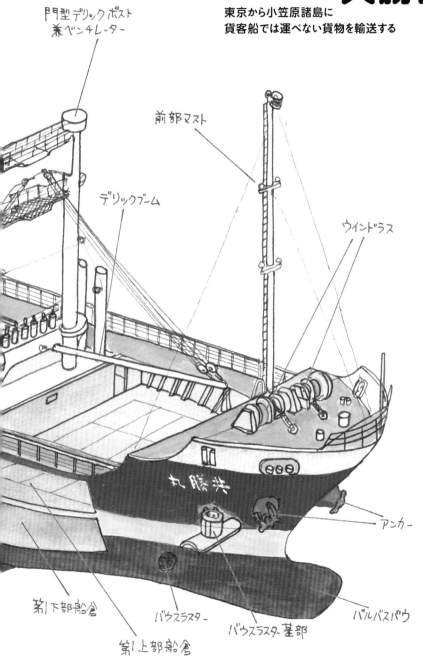

株式会社共勝丸

内航貨物船 共勝丸

東京から小笠原諸島に
貨客船では運べない貨物を輸送する

門型デリックポスト
兼ベンチレーター

前部マスト

デリックブーム

ウインドラス

丸勝共

アンカー

第1下部船倉

バウスラスター

第1上部船倉

バウスラスター基部

バルバスバウ

083

本土と小笠原の物流の要

　1968年（昭和43年）、太平洋戦争の敗戦により長年にわたりアメリカ合衆国の施政権下にあった小笠原諸島が返還され、復興物資輸送のため船舶による貨物輸送が必要となった。そこで東海汽船は、当時宮城県で小型貨物船や漁船を所有していた株式会社共勝丸より、小型貨物船の第十二共勝丸を傭船し、小笠原航路に就航させたのが現在の同社の小笠原航路運航のルーツである。

　数年後、株式会社共勝丸は小笠原航路専用船の第二十一共勝丸を建造し、以来5隻の数字付きの共勝丸の就航を経て、2019年（平成31年）、初めて船名に数字のつかないこの新造船の共勝丸が完成、小笠原貨物航路に就航した。

　現在とほぼ同じサイズの先代の第二十八共勝丸がライトブルーの地味な船体色だったのに対して濃紺と鮮やかなイエローグリーンのツートーンの船体はイメージが一変し、よく目立った存在になっている。

かつては一般乗客も乗せていた名残りの船内

　船内の居住施設は上甲板から上で、3層に分かれ、最上層の航海甲板には操舵室が、その下の船橋甲板には船長室をはじめ、乗組員の部屋がずらりと並んでいて、上甲板にはメスルーム（食堂）、ギャレー、浴室、事務室といった船に必要な施設が配置されている。

　そしてこの甲板にはこのサイズの貨物船には一般的にあまり見られない、定員4名の客室も用意されていた。左舷船首側に面

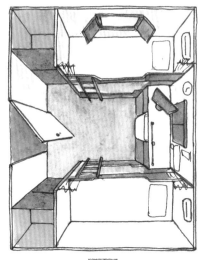

客室

2段ベッドが二組の定員4名で12㎡ぐらいの広さの部屋。TVと冷蔵庫の用意があるが、もちろん食堂や浴室、トイレは乗組員と共用。

した2段ベッドで快適そうな部屋である。

　以前の第二十八共勝丸は10年ぐらい前まで9名（当初は8名）までの乗客の取り扱いを行っていて（むさし丸の項でも述べたが貨物船でも12名までの乗客が法律上可能）、小笠原まで食事つきの格安料金で行くことが出来た。

　その航海記は当時評判となった船旅紀行本にも載ったりしていたため隠れた人気航路で、私も是非とも乗ってみたかったのだがそのころは普通の会社員だったため叶わず、現在では残念ながらよほど特別な事情でもない限り一般乗客の乗船は全く出来なくなっているのが残念でならない。

　貨物倉はデッキに設置された荷役用の門型デリックを中心にして前後それぞれ上下2段に分かれて合計で4層の貨物倉になっている。この船に積まれる貨物は基本的に貨

客船のおがさわら丸に積めないもので、主にセメント、鉄骨と言ったような建築資材やガソリンなどの入った危険物のドラム缶などで、父島と母島の両島ではそういった貨物を降ろしたのちに産業廃棄物や行政回収された資源物（ダンボール、ペットボトル等）を積んで東京に戻ってくる。

またおがさわら丸が年に一度ドック入りしている期間に、その代わりとして郵便物や宅急便、生鮮食料品なども運んでいたが、2021年（令和3年）から東海汽船の3代目さるびあ丸が代船として就航することになったため、こうしたことは無くなっている。

足掛け3日の長い航海

ここで航路についてご説明しておくと、月に2～3回程度、東京港の月島ふ頭を出港、一旦有明10号地ふ頭に立ち寄ってガソリンやプロパンガス等の危険物を積み込んでから小笠原諸島の父島に向かう。速力は約12ノットで、その小ささから波浪に弱く、23ノット前後の小笠原海運の定期貨客船おがさわら丸に比べて倍近い時間のかかる

ゆっくりした航海であるが、その反面、普通はクルーズ客船でしか見られないような須美寿島や鳥島、嬬婦岩といったマニア垂涎の無人島をたまに見ることも出来るらしい。また乗客扱いをしていた時に乗船者を大いに苦しめたという横揺れはアンチローリングタンクを内蔵し、だいぶ軽減されているとのことだった。

そして順調に行けば44時間ほどで父島に到着し、一晩停泊した翌日にさらに南の母島に向かう、ここでは荷役だけを済ませて夕方には父島に戻り、また一泊して翌午後には父島を出港、また2日間かけて戻るという6日間の日程が基本的なこの船のスケジュールのようだ。

彼女が東京港に停泊中は月島の目立たないところにふ頭があるため気が付きにくい。しかし浅草から日の出ふ頭に向かう隅田川下りの遊覧船に乗船すると、築地の市場跡地を過ぎたあたりの左舷側のふ頭の奥まったところに停泊しているので濃紺とイエローグリーンの船体を探してみてはいかがだろうか？きっと船員さんが手を振ってくれる……わけがない。

共勝丸

主要目	2018年 本田重工業佐伯工場建造
	総トン数325トン　全長64.5m　幅10.5m
	航海速力12.8ノット　載貨重量748トン　乗組員8名　旅客4名　その他1名
	東京～父島～母島の貨物航路に就航中

双葉汽船株式会社
内航貨物船 大峰山丸

あの船長の乗る日本一有名な内航貨物船

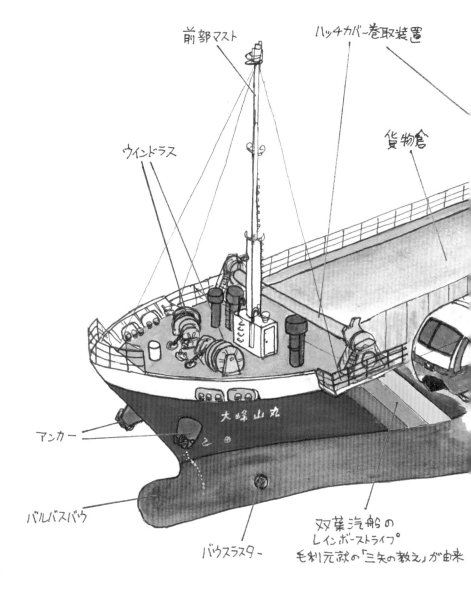

前部マスト

ハッチカバー巻取装置

ウインドラス

貨物倉

アンカー

バルバスバウ

バウスラスター

双葉汽船の
レインボーストライプ
毛利元就の「三矢の教え」が由来

086

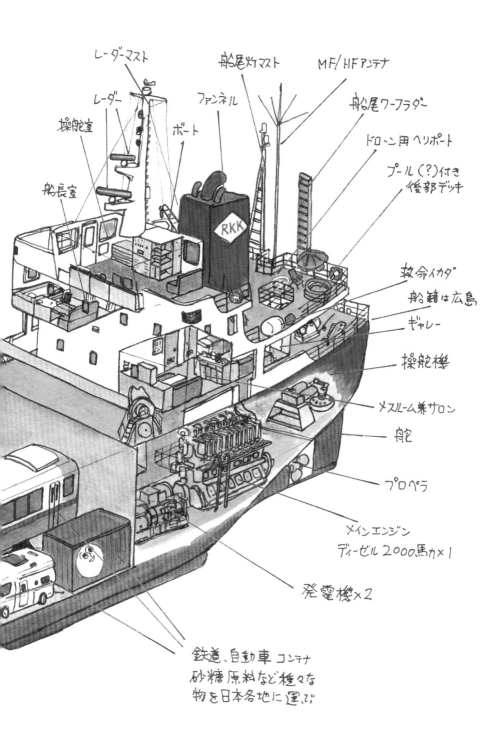

レーダーマスト
レーダー
操舵室
船長室
ファンネル
ボート
船尾灯マスト
MF/HFアンテナ
船尾ワークラダー
ドローン用ヘリポート
プール(?)付き
後部デッキ
RKK
救命イカダ
船籍は広島
ギャレー
操舵機
メスルーム兼サロン
舵
プロペラ
メインエンジン
ディーゼル 2000馬力×1
発電機×2
鉄道、自動車 コンテナ
砂糖原料など種々な
物を日本各地に運ぶ

カリスマ船長の操る船

国内の物流の多くを担っている内航船舶は5000隻以上もあるが、総トン数で500トン未満という小さな船がその7割近くを占めている。

これは500トンを境に船員の資格や入出港、狭い水路での航路、停泊といった港則法、航海道具や防災設備などでの規制が違ってくるためで、そうした関係からある程度たくさん貨物を積めてどこの港にも入りやすい、498トンとか499トンという500トンにギリギリ満たないサイズの貨物船が運航しやすい環境にあるわけだ。

そんな一般にヨンキューキューと言われる貨物船で、港でひときわ目立つ濃紺の船体に黄、オレンジ、赤の三色の斜めのストライプを入れた船が数隻あるうち一隻が今、日本中から注目を浴びている。

船の名は大峰山丸。オーナーの地元広島市の西部にそびえる美しい独立峰から名づけられたその船は、一定の航路を持たない不定期貨物船として、運ぶ荷物があれば日本全国各地に出かけていく。

指揮をとるメインの船長は高齢化が進む小型内航船業界の中ではまだ若手と言った存在で、仕事も遊びも全力を尽くし、仲間と家族を何よりも大切にする海の男。

大吟醸船長のアカウント名を持ち、インターネットを駆使してその真摯な仕事ぶりと考え方、そしてオフでの健康的で豪快な遊びっぷりを洒脱でとぼけた文章で発信し、多くの船乗り、船好きから共感を呼び、Twitterでは8000人を超えるフォロワーとYouTubeでは2400人以上のチャンネル登録者を得ている。

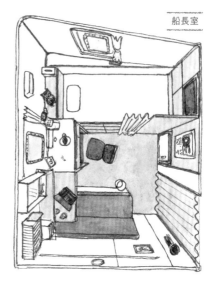

船長室

操舵室真下の角部屋。ここで船長としての様々な難しい業務をこなし、TV付近に収納された各種おもちゃで遊んでいる。冷蔵庫に入っているのはほとんどが缶ビール。

日本全国どこでも出没（小笠原を除く）

先にも述べたように不定期船であるため、貨物輸送の要請があれば北は北海道から南は沖縄の離島の石垣島や南北大東島まで、日本海側にも出没し、横浜港や東京港、大阪港といった大きな港にも立ち寄って荷役をする。

時には横揺れで傾斜40度を超えるような荒天もあるかとおもうと、水面が鏡のようになった静かな海域を通過したり、当直以外の自由時間は時には1メートル以上の大物が釣れるトローリングをしたりという……そんな航海の様子をネットで読んだり、映像で見たりするのはとても楽しい。

船長は時折、船に持ち込んだ三線（さんしん／三味線に似た沖縄、奄美地方の弦楽器、実は私も弾いている）を弾くことも

あるらしい。

　また、基本的に3か月間乗船したのちに1か月近くある休暇の際はカマボコちゃんと自ら呼んでいるキャンピングカーに乗って家族で色々なところに出かけており、そんなオフの様子もレポートしてくれている。ファンが増えていくのもうなずけるわけである。

慌ただしくも楽しい船内生活

　さてこの船、乗組員は船長含めてわずか5名。そのため1日2回4時間の操舵室の当直には当然船長も立つ。

　他の乗組員もみな当直以外の時間は船の手入れや機器のメンテナンスを行い、自由時間はそれぞれに与えられた個室やメスルーム（食堂）、デッキでゲーム、読書、釣りとそれぞれ思い思いに過ごす。

　食事は接岸荷役時わずかな隙を狙って船に積んでいる自転車で食材を買い出しに行き、それぞれが好きな時間に自炊してメスルームで食べる形だ。

　貨物スペースに目を移すと、バラエティに富んだ積載貨物のため、船にはクレーンやデリックポストと言った荷役用の設備は一切ついていない。

　広いハッチカバーで覆われた長さ40m×幅10m×高さ6.1mの広大な貨物倉を目一杯使って、港にあるその積み荷用の荷役設備を使って貨物の揚げ降ろしをしている。

　それゆえ、ある航海では穀物を船倉一杯に積み込んだかと思うと、その次の航海では鉄道車両を、さらに次の航海ではコイル状になった鋼材……というように積み荷はめまぐるしく変わり、荷役方法もそれぞれ変化する。

　港の状態も外海に面していて接岸中も常に船体が大きく上下するような離島の港から、数万トンクラスの巨大船や小型のボートがひっきりなしに出入りしている都会の大きな港まで千差万別で、その都度、大吟醸船長は適切な指示を出して彼女を操っていく。

　そんな大変な中にも楽しさのある内航船の職場を、ネットを通じて一度覗いてみてはいかがだろうか？

　最後に一言…橋はくぐるもんだ!!!!

大峰山丸

主要目	
2007年 渡辺造船所建造	
総トン数498トン　全長76.1m　幅12.3m	
航海速力13.2ノット　乗組員5名　載貨重量1,599トン	
日本全国津々浦々どこでも寄港中	

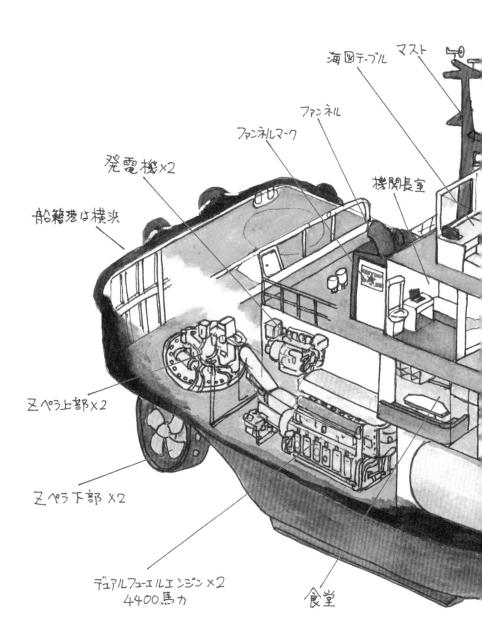

海図テーブル

マスト

ファンネル

ファンネルマーク

発電機×2

機関長室

船籍港は横浜

スペラ上部×2

スペラ下部 ×2

デュアルフューエルエンジン×2
4400馬力

食堂

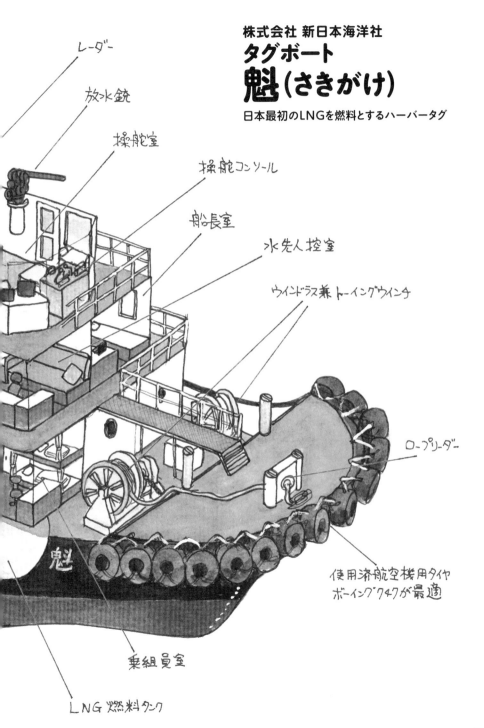

株式会社 新日本海洋社

タグボート

魁(さきがけ)

日本最初のLNGを燃料とするハーバータグ

レーダー

放水銃

操舵室

操舵コンソール

船長室

水先人控室

ウインドラス兼 トーイングウインチ

ロープリーダー

使用済航空機用タイヤ
ボーイング747が最適

乗組員室

LNG 燃料タンク

091

港の縁の下の力持ち

　港の中で、巨大な船の手助けをするタグボートは、誰もがよく知る存在で、人気の高い種類の船だが、船内がどんな構造になっているのかは意外と知られていない気がする。……というか、かく言う私自身も今回この本を出すうえで取材させていただくまで正直言ってあまり知らなかった。

　一般的には、タグボートは日本語で曳船と言われるように船尾からロープをだして大きな船（ここでは本船と呼ぶ）の船首とを繋いで引っ張ってともに前に進むというイメージが強いが、台船のような自走出来ない船や造船所内外での船の曳航は別として、普段はその作業はあまり見かけない。

　多いのは低速時には舵がほとんど効かない大型船の離岸や接岸時に、船首や船尾にその鼻先をくっつけて押したり、ロープで横方向に曳いたりするという作業で、いわ

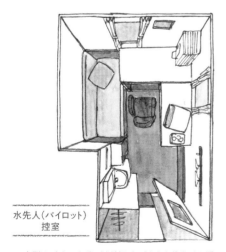

水先人（パイロット）控室

小型のパイロットボート以外にもこうしたタグボートに乗り込んで航行中の本船に乗艇船することもある。ここでこれから乗り込む船の水先業務の作戦を練るのだろう。

ば本船の方向転換や横移動の手助けをするのが彼女らの仕事である。

　もちろん最近の船の多くはスラスターと呼ばれる横移動のプロペラを船首や船尾に持っているのだが、その力はタグボートに比べると圧倒的に弱く、風の強いときや、慣れない港、時間的に急いで接岸したい時など、数センチ単位で船の向きを調整できるタグボートは心底頼りになる存在だ。

　またそんな離接岸の際の手助けだけでなく、船を港まで、もしくは港の外へ、他の小型の船舶を警戒しながら安全に導くエスコート作業や、万が一の際の防災作業（毎分6トンの消防放水銃を装備）や海難救助作業にも活躍できる、小さいけれどまるで港の守り神のような存在がこのタグボートなのだ。

意外と大きいその船体

　「ボート」という呼び方からの先入観と、いつも巨大な本船の手助けをしている姿から小さくてかわいらしい船というイメージがあるのだが、近寄ってみると予想以上のその大きさに驚かされる。

　大きい船では長さ40m前後、幅10m前後の船体は離島に向かうジェットフォイルよりふたまわりは大きく、あの箱根の芦ノ湖で巨体を浮かべている海賊船風遊覧船と同じぐらいのサイズだというとわかってもらえるかもしれない。

　船内は解剖図のように4層に分かれ、夜間の出動に備えて泊まり込むための乗組員の部屋、ギャレー（厨房）、食堂、お風呂まで備えた立派な船舶である。

　ただこういったタグボートの多くが普通の商船と大きく違うのはその推進システムで、エンジンで得られた動力を変形のＺ字型に

船尾下部にある筒に入ったプロペラに伝えられ、しかもそのプロペラが筒ごと水平方向に360度回転できるという通称（商品名）ゼットペラと呼ばれる推進装置を持っている事だろう。

これにより、本来であれば速力がゼロの場合、舵は効かないはずなのが、止まった状態からクルリと簡単に一回転することが出来る。ときおり港のイベントでこのデモンストレーション回転を実演するのを見ることがあるが、そのくるくる回る様子はまるでフィギュアスケーターのようでとても面白い。

この自由自在の推進システムと4000馬力以上といわれる大パワーを生み出すエンジンによって、船を自由自在に操り、本船を安全に導くことが出来るわけだ。

脱炭素化社会に向けた 新時代のエンジン

さらにこの魁が特徴的なのはLNG（液化天然ガス）を主な燃料としてA重油と併用するデュアルフューエルディーゼルエンジンをわが国で最初に採用した船舶（LNG運搬船を除く）だということだろう。

近年盛んに言われている日本政府のカーボンニュートラルの取り組みを先行するかたちで取り入れたこのエンジンは、A重油との併用とはいっても、重油はエンジン始動直後やLNGの供給が間に合わない時などに使われるだけで普段の稼働はほとんどLNGによって行われている。これによりLNG使用時は二酸化炭素排出量を約30％、窒素酸化物を約80％、硫黄酸化物をほぼ100％それぞれ削減出来るという地球環境にとてもやさしい船になっている。

このLNG燃料エンジンは現在2022年に就航が予定されているフェリーさんふらわあの大阪〜別府航路の新造船や、郵船クルーズが2025年に就航を計画している5万トンクラスのクルーズ客船などに搭載が見込まれており、これからもどんどん増えていく新時代のエンジンとなっていくことだろう。

船ファンとしては近い将来、この魁が横浜港でLNG燃料のクルーズ客船をサポートする姿を見るのがとても楽しみである。

魁（さきがけ）

主要目
2015年 京浜ドック株式会社追浜工場建造
総トン数272トン、全長37m 幅10.2m
航海速力14ノット
主に横浜、川崎地区で曳船及び進路・側方警戒船として運航中

岡山済生会
診療船
済生丸（4代目）
瀬戸内海の島々を廻る日本唯一の診療船

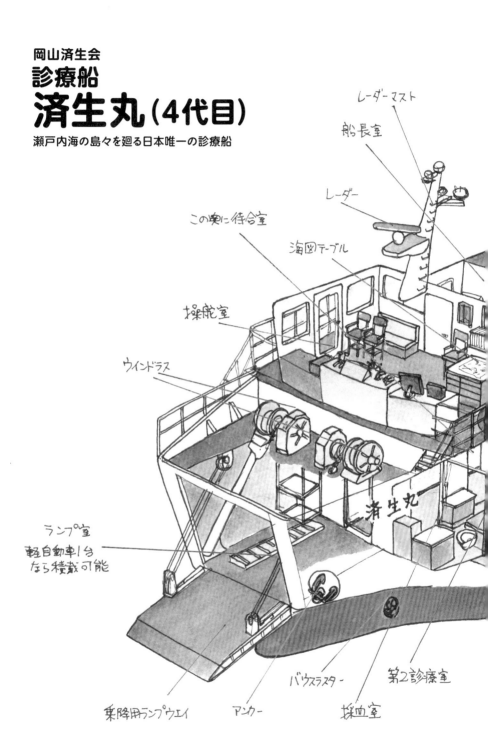

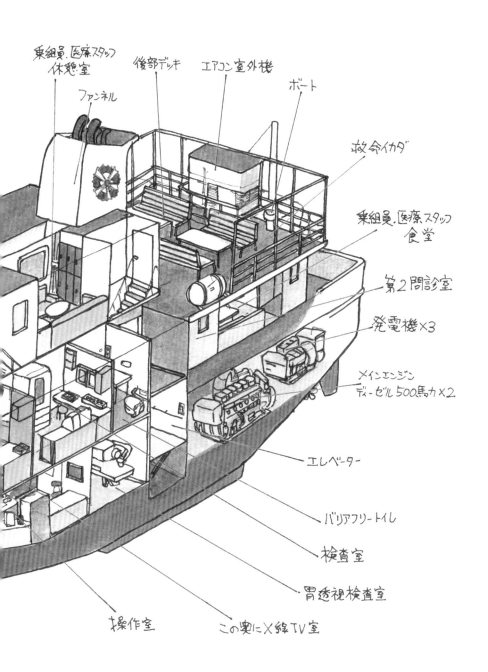

乗組員.医療スタッフ
休憩室

ファンネル

後部デッキ

エアコン室外機

ボート

救命イカダ

乗組員.医療スタッフ
食堂

第2問診室

発電機×3

メインエンジン
ディーゼル500馬力×2

エレベーター

バリアフリートイレ

検査室

胃透視検査室

この奥にX線TV室

操作室

無医村の島々を巡る海をわたる病院

数千もの島々で成り立つ日本列島には約400もの有人島、つまり人が定住する島があるが、そういった島々の大半にはきちんとした医療設備を備えた診療所や病院が存在しない。しかもそんな無医村の島はどんどん過疎化と高齢化が進んでいっている。

本州と四国に囲まれ、たくさんの島々が点在する瀬戸内海も、その風景の美しさとは裏腹にそうした無医村の島が大半で、住んでいる高齢者の多くは体調管理のために都会の病院に行くこともままならない。

1962年（昭和37年）、将来のこうした状況を見据えて、岡山、香川、広島、愛媛の瀬戸内海に面した4県の島々を「予防医学」の観点から医師や看護師を乗せて巡回診療にまわる船が造られた。それが瀬戸内の海をわたる病院と言われる済生丸である。

以来60年近くにわたって、瀬戸内海の島の人たちが安心して暮らせるようにと巡回診療を続け、阪神・淡路大震災の時は災害救助船としても活躍した。

ここで取り上げた現在の済生丸は、初代から数えて4代目に当たり、2013年（平成25年）に完成したまだ新しい船で、最新の検診設備を積んでこれまでの船と同様の地域を回り続けている。

ただし誤解されることが多いが、この船は歴代、病気を治すという「治療医学」ではなく、病気にならないという「予防医学」の観点から診察、健康診断を行っており、一般の人が考えるいわゆる「病院船」ではないため手術の設備は存在せず、入院も全く出来ないのはご承知おき願いたい。

船の構造を見てみると船首に開閉式のランプがあって、小型のカーフェリーを思わせる外観になっている。

これは桟橋に横付けできない場合の車椅子などに配慮した検診者の乗船口や、検診物資の積込口であって、軽自動車ならなんとか一台積める構造になっている。

この船首乗降口から船内に入ると両舷に医師のいる診療室があり左舷には各種検査室、右舷は広い待合室になっていて、私がいつも受診しているような都会の検診センターと全く変わらない風景で、船の中にいることを忘れてしまうほどである。

この検診区画の奥には乗組員と医療スタッフ用の食堂もあった。以前は乗組員が全員分の食事を作って出していたが、現在は各自がそれぞれお弁当などを持ち込んでここで食べるそうである。

バリアフリー対応のため彼女から採用された中央部にあるエレベーターで下のデッキに降りると、各種X線の検査室が並んでいる。あのバリウムを飲んで、ゲップはしないでくださいね〜と言われながら理不尽にも（ごめんなさい）身体をタテヨコぐるりと回される胃透視検査室も、この解剖図では見えていないが乳癌のマンモグラフィー室もここにあった。

最上部の船橋甲板は最前部の一段高くなったところが彼女の運航をつかさどる操舵室、その後ろが船長室をはじめとした乗組員室、そして中央部に主に医療スタッフ用の休憩室というように乗組員と医療スタッフの設備が並んでいる。

船尾は日よけ付きのオープンデッキのような造りになっていてテーブルとベンチが並んでいる。待合室がいっぱいの時や天気のいい日は検診者が待ち時間をそこで過ごすこと

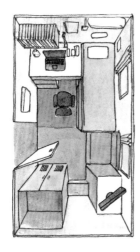

船長室

専用のシャワーやトイレこそないが快適そうな部屋。船長含む5名の乗組員は土日休みで普段の活動中の夜間はこうした部屋にローテーションで寝泊まりして当直を行う。

も出来るそうで、ちょっと羨ましい気もする。

過疎、高齢化の現実

　医療スタッフはその時の検診内容や地域によって違うが医師、看護師、薬剤師、検査技師など4名から12名程度が朝から夕方まで乗り込んで診療、検診にあたっているとのことであった。

　ただ先にも述べたように島の住人の健康診断が主な目的のため、簡単な内科的な診察程度しか行っていない。外科的なものはごくまれにたまたま検診に行ったときに軽傷を負った人が現れてその治療を行うことがあるぐらいだそうで「乗組員さんが診察を受けることはあるのですか?」と聞いたら「いや〜まずありませんね。我々は幸いなことに病院に行けるところに住んでいますから」との答えだった。

　巡回する島は先に述べた4県で60島、港は76か所あり、一つの島に年間1〜2回程度しか行くことが出来ない。島によっては検診者が行列を作って彼女の来るのを待ちわびているところもあれば、寄港している間、ほんの数人しか検診者が現れない島もあるとのこと。年々検診者が少なくなっていくのがこうした過疎で高齢化した島の厳しい現実であるのだろう。

　日本にはこうした島がまだまだ全国各地に数多くあり、こうして済生丸のような船が回ってくれるのはまだ恵まれているのかもしれない。海の条件とかで難しい面もあるのだろうが、日本中にこういう船が生まれてくれることを願いたい。

済生丸
（4代目）

主要目	2013年 金川造船（神戸）建造
	総トン数180トン　全長33m　幅7m
	航海速力12.3ノット　医療スタッフ最大24名
	瀬戸内海の60の島を不定期に巡回診療を行っている。

株式会社磯前漁業所
遠洋マグロ漁船
第二十一磯前丸
日本から遥かに離れた大洋で操業するマグロ漁船

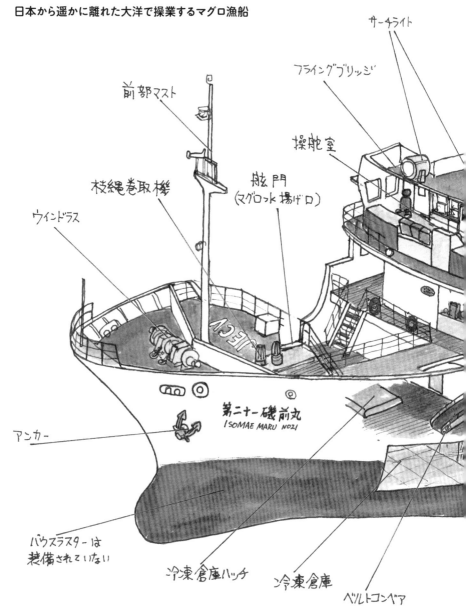

サーチライト

フライングブリッジ

前部マスト

操舵室

枝縄巻取機

舷門
(マグロ水揚げ口)

ウインドラス

第二十一磯前丸
ISOMAE MARU NO21

アンカー

バウスラスターは
装備されていない

冷凍倉庫ハッチ

冷凍倉庫

ベルトコンベア

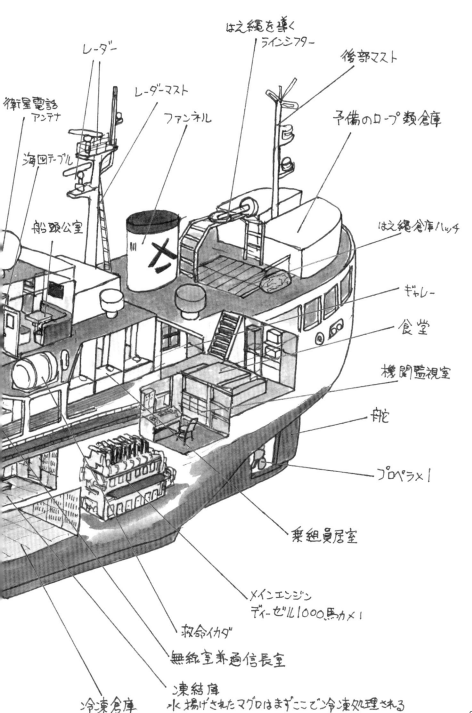

レーダー

レーダーマスト

はえ縄を導く
ラインシフター

後部マスト

衛星電話
アンテナ

ファンネル

予備のロープ類倉庫

海図テーブル

船頭公室

はえ縄倉庫ハッチ

ギャレー

食堂

機関監視室

舵

プロペラ×1

乗組員居室

メインエンジン
ディーゼル1000馬力×1

救命イカダ

無線室兼通信長室

凍結庫
水揚げされたマグロはまずここで冷凍処理される

冷凍倉庫

限られた居住スペース

日本人はマグロが大好き（もちろん私も）そんなマグロの国内での消費の多くは日本近海ではなく太平洋の数千キロ沖合から赤道を超えて南半球、さらには遠く大西洋まで乗り出す遠洋マグロはえ縄漁船の漁によって支えられている。

我が国に二百数十隻あるそんなマグロ漁船は焼津、三崎、清水、気仙沼、塩釜と言った遠洋漁業基地の港から数か月から1年半に及ぶ航海に出ているが、ここで紹介するのはそんなマグロ漁船の一隻で、乗組員は5名の日本人と20名のインドネシア人の25名で構成されている。

普通、船で最も権限を持つのは船長なのだが、こうした船の場合、航海に関しては船長が取り仕切るものの、漁船本来の仕事である操業を管理監督する船頭（漁労長）が船の全ての権限を持っている。そのため船頭の部屋は船で最も広いスペースとなっている。

船長、一等航海士、機関長、甲板長といった人たちはイラストのような個室で、そのほかのインドネシア人の一般乗組員は2人～4人の2段ベッドの部屋で寝起きをする。

風呂（お湯は海水でシャワーは造水機で造られた真水）は全員が共用で、食事もインドネシア人のコックさんが作ってくれた美味しい食事を船体やや後方の中央にある食堂で、みんなで和気あいあいと食べる。もちろん日本料理もとても上手とのことだった。

数十日をかけて時には波高10メートルを超えるような嵐も乗り越えて太平洋の南半球のある漁場に向かう間、そんな乗組員たちはみんな仲良く積んである漁具を入念に点

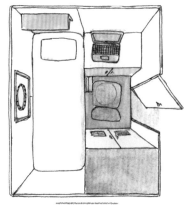

一等航海士室

二畳ほどの部屋に185cm×70cmのベッドとデスクがある。ちょうど長距離フェリーのスタンダードシングル個室に似ている。

検、補修して来るべきはえ縄漁に備える。

壮絶なマグロとの闘い

ここで簡単にマグロ漁船のはえ縄漁について説明すると。まず幹縄と呼ばれる総延長が100km以上に及ぶ直径5ミリほどの縄が基本となる。その長い長い縄に180個ほどの浮き球と約3000本もの餌のついた長さ20～30mの枝縄と呼ばれる釣り糸をつけて船尾から海に投入する。この作業を投縄といい、船頭が見極めた漁場を約10ノットほどで航行して流して約5時間かけて終了させる。そして数時間の待機ののち最初に投入した場所まで戻って、今度は揚縄と呼ばれる回収作業に入るわけである。浮き球には20個に1個程度の間隔でラジオブイが取り付けられそこから出る無線信号をもとに回収していくわけだが、今度は5ノットほどのゆっくりとした速度で航行しながら縄を手繰り寄せていく。

縄は右舷前方の一段低くなった作業用

の木甲板に引っ張り上げられ、餌のついた枝縄が巻き取られ、獲物の魚がかかっていると甲板にいる人間が総出でその獲物の処理作業を行なう。

　狙っている獲物はマグロだが、多く獲れるのはメバチマグロやキハダマグロ、ビンチョウマグロで、最高級魚であるクロマグロはめったに獲れない。他にはカジキ類、サワラ、シイラなどでたまにサメや海鳥、ウミガメなどもかかることがあるようだがそれらは当然リリースするとのこと。

　水揚げしたマグロは小さいものでも数十キロ、大きいものでは200キロを超えるものもあり、人間一人の手には負えず、暴れると相当危険なため、引き揚げる前に電流を流して弱らせてから甲板に揚げ、直ちに血抜きをし、内臓やエラ、ヒレなどを外す。そして一匹一匹の重量を計測の上、同じ甲板の船内にある凍結庫で急速冷凍を行い、階下のマイナス60度の冷凍倉庫で保管する。

　こんなドライアイスに近いような超低温で凍らせることでたんぱく質の酵素分解や脂肪の酸化を極力抑え、微生物の繁殖をなく

すことが出来、釣り上げたマグロを港から市場へ、そして家庭に新鮮なまま届けられるわけだ。

　こうした揚縄は10時間以上も続き、それが幾度となく繰り返され、操業中は休みなしの甲板作業となるわけで、ヘトヘトになるが、巨大なマグロがあがったときの満足感はひとしおだそうである。

　漁場はたいていが最も近い陸地から数千キロ離れた大洋の真ん中にあり、港に戻るだけでも数日から一週間以上かかるため、操業中はめったに寄港することはない。

　そのため、時折こうした漁船に燃料を届けるタンカーが現れて本船とのあいだにパイプを繋いで洋上補給を行う。同時に新鮮な野菜や家族からの手紙も届けられ、単調な船内生活の中で一番の楽しみとのことだった。

　そんな長い操業を終え、船はまた長い航海を経て帰国、新鮮なマグロが私たちに届けられる。

　家庭で、料理店で、美味しいマグロを食べるとき、こんなマグロ漁船のことを思い出してほしい。

第二十一磯前丸

主要目	1991年 金指造船所建造
	総トン数446トン　全長55.1m　幅8.7m
	航海速力11.5ノット
	操舵室下の外壁の朱赤の帯は日本の遠洋漁船共通の識別カラー（法律で定められているわけでは無い）

井本商運株式会社

内航コンテナ船 **ながら**

球状船首を持つ内航コンテナ船シリーズ第二船

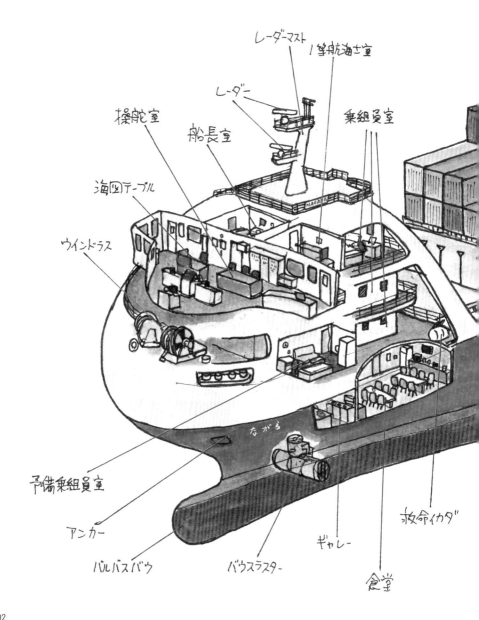

レーダーマスト

1等航海士室

レーダー

操舵室

船長室

乗組員室

海図テーブル

ウインドラス

予備乗組員室

アンカー

バルバスバウ

バウスラスター

ギャレー

救命イカダ

食堂

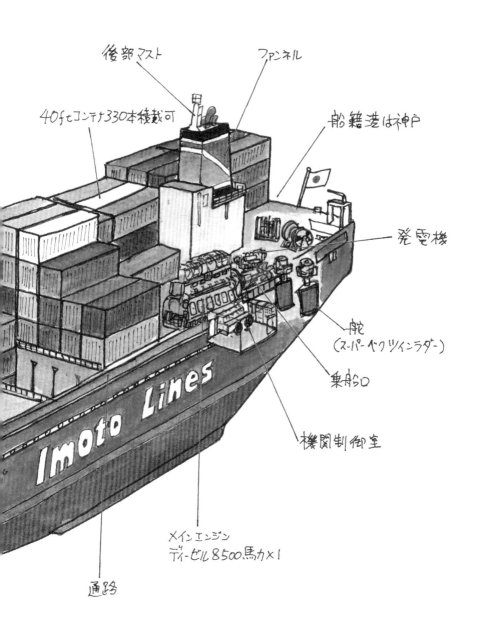

後部マスト

ファンネル

40ftコンテナ330本積載可

船籍港は神戸

発電機

舵
(スーパーベクツインラダー)

乗船口

機関制御室

メインエンジン
ディーゼル8500馬力×1

通路

Imoto Lines

一目見たら忘れられないスタイル

　2010年（平成22年）、船首に設置された操舵室と居住区がまるでピンポン玉のような半球形の造形の球状船首SSS（Super Spherical Shape）バウを持つ自動車専用船が下関の旭洋造船で建造され、その年のシップオブザイヤー大賞を受賞した。

　そしてその4年後には大手内航コンテナ船会社の井本商運株式会社向けにコンテナ船としてはじめてその形状をもつ内航コンテナ船のなとりが完成した。

　一般的には船尾寄りに操舵室があるはずのこの船は、まるでゼロ系新幹線を船にしたようなユニークなフォルムがとても個性的に映り、横浜港大さん橋のお披露目一般公開の際にはたくさんの見学客を集め、数々の賞も受賞して話題をさらった。

　そしてさらに4年後の2018年、基本設計は共通であるものの、性能を向上させて同じ旭洋造船で完成したのがこのながらである。

開けすぎている操舵室からの眺望

　この船もなとりも普段洋上を走っているところや遠くに停泊しているところを見ることはあっても、通常コンテナふ頭に一般人は立ち入ることが出来ないので、各地でのなとりの見学会に参加していない私はこの姉妹を近くで見るのは初めてで136m、7300総トンというサイズは内航の貨物船としてはかなり大きく感じられた。

　船尾よりの機関室にほど近い乗船タラップから乗り込み、舷側にある巨大コンテナの真下の長くて狭い通路を船首に向かって歩いていくと居住区に到達する。

　まず操舵室に案内されて驚いたのは、想像していたとはいえ、その眺めである。

　経験上、操舵室からの眺望は船首先端までの長短が違うぐらいでどの船もさほど変わるものではなかったが、彼女の場合は全く別物……大きくラウンドした広い操舵室の前面をまるで展望室のようにガラス窓が弧を描いて並んでいて、その窓からは、真下に狭い外部通路が見えるぐらいで船首先端は全く見えない。……というか無い。考えてみれば普通の船だと社旗が掲げられるような場所の真上に操舵室があるので当然といえば当然である。

　「こ、これって、操船しにくくないですか？」と航海士さんに聞いたところ、「最初は進行方向が分かりにくくて戸惑ったけど慣れると別にどうってことないですよ。今は却って船尾操舵のほうが視界が悪くてやりにくいぐらいです」とのお答え。

　なるほど、私も若いころ長いボンネット付きの乗用車を持っていて、初めてキャブオーバータイプ、つまり前輪より運転席が前にあるバンを運転した時、その眺めと運転感覚に戸惑ったものだがすぐに慣れ、却って運転しやすいと感じたがそんなものなのだろう。

　この球状船首はその形状から正面風圧抵抗を30％軽減、燃費も5％軽減できるそうで、操舵室に立っていると機関室から遠く離れているため、エンジン振動もかなり少なく感じられた。

　ただ当然のことながら乗組員居室も全てこの操舵室周辺にあるため、アンカーを打つ音やスラスターの作動音、荒天時に打ち付ける波の音はかなり大きく、非番時に聞こえると目が覚めてしまうそうである。

そして肝心の揺れ方……船としては最も揺れ具合の大きな場所にあって荒天の航海のときはさぞかし大変な思いをするのではないかと聞いてみたところ「たしかに最初は遊園地の絶叫マシンに乗っているように感じましたけど、どのみち船は揺れるものだし、やはり慣れでなんとかなりますよ」とのこと……やっぱり船員さんってすごいなぁ

内航コンテナ船としては国内最大級の船だけあってイラストのように各部屋のつくりもゆったりしており、上甲板の左舷側にある食堂も12人の乗組員が全員食事してもまだ余るぐらいのスペースがある。

この食堂、今回取材した時に奥のギャレーで料理を作っていた司厨長さんは昔、郵船クルーズの飛鳥のレストランの食事も作っていたというすごい経歴の持ち主だった。あの日本郵船伝統のドライカレーもこの船で食べられるそうである。それを聞いただけでもものすごく羨ましい。

ちなみにこの球状船首コンテナ船の姉妹は船内の配置や使用している舵（ながらがスーパーベクツインラダー、なとりがオーシ

ャンシリングラダー）等、見えない部分での相違点は結構あるのだが、外見ではほとんど見分けがつかない。一番目立つのが操舵室の前の部分で、ハンドレール（手摺り）が付いているのがながら、ブルワーク（波除の鉄板）で囲われているのがなとりと見分けるといいと思う。

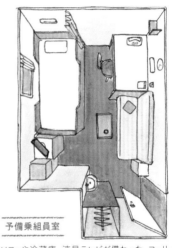

予備乗組員室

ソファや冷蔵庫、液晶テレビが備わった、フェリーでいえば一等客室並みの広さの個室。窓も角窓で大きい。他の一般乗組員の部屋もほぼ同等の設備を持つ。

ながら

Imoto Lines

主要目	2018年 旭洋造船建造
	総トン数7,432トン　全長136.2m　幅21m　航海速力16ノット
	積載重量6,900トン　コンテナ積載量670TEU
	東京／横浜〜神戸〜門司〜博多航路に就航中

第3章

学ぶ・調べるフネ

独立行政法人 海技教育機構

練習船
大成丸（4代目）

ちょっと変わったスタイルを持つ最新の練習船

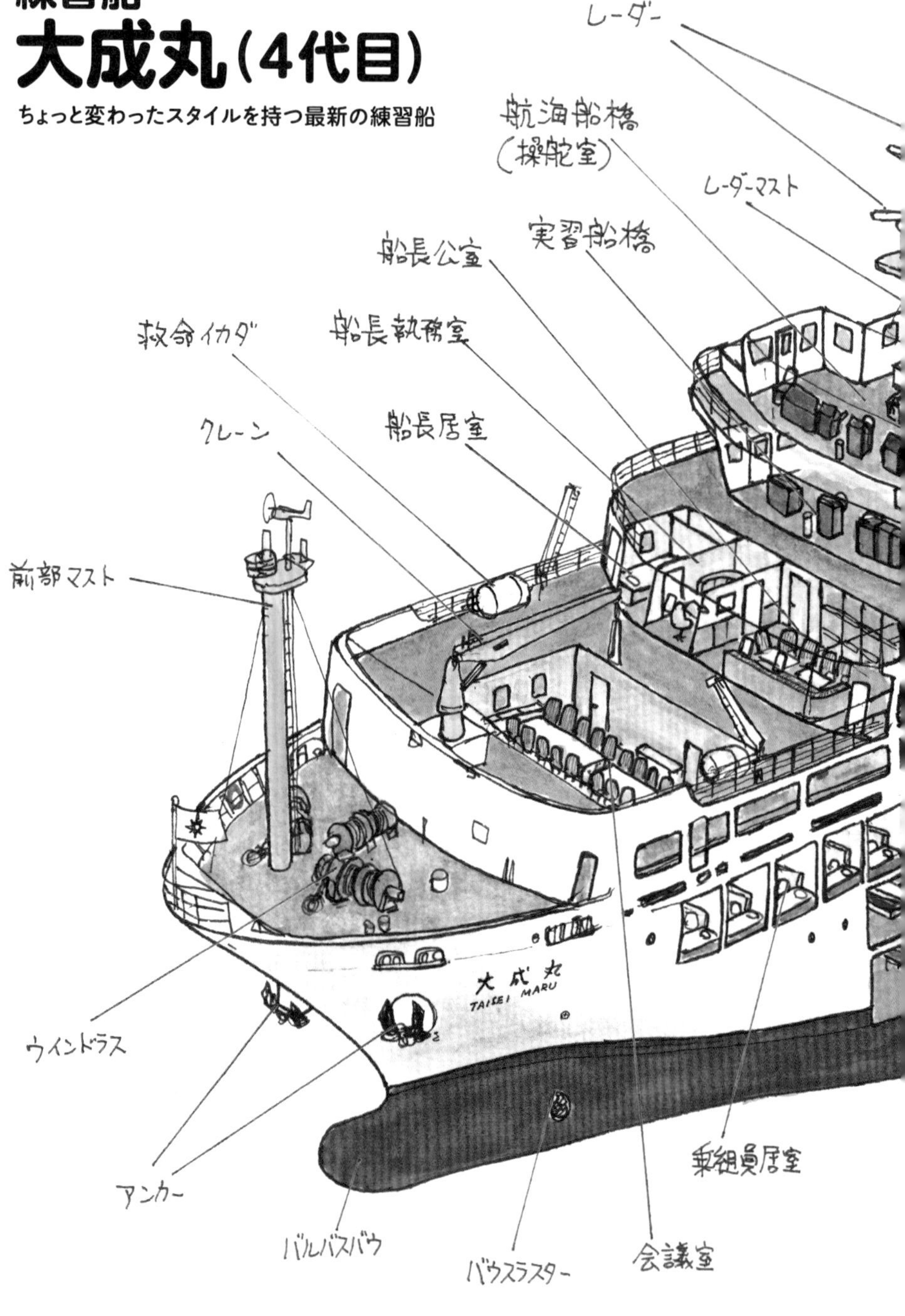

レーダー

航海船橋
（操舵室）

レーダーマスト

船長公室

実習船橋

船長執務室

救命イカダ

クレーン

船長居室

前部マスト

ウインドラス

アンカー

バルバスバウ

バウスラスター

会議室

乗組員居室

大成丸
TAISEI MARU

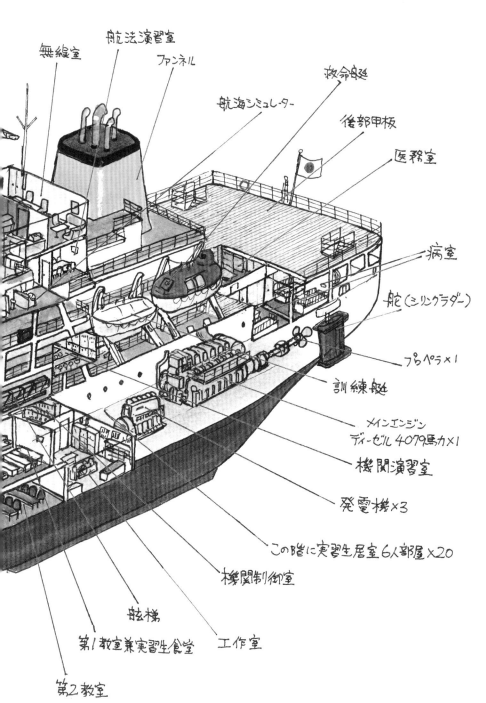

無線室

航法演習室

ファンネル

航海シミュレーター

救命艇

後部甲板

医務室

病室

舵（ミリングラダー）

プラペラ×1

訓練艇

メインエンジン
ディーゼル4079馬力×1

機関演習室

発電機×3

この階に実習生居室6人部屋×20

機関制御室

舷梯

工作室

第1教室兼実習生食堂

第2教室

4代目にして
ついにディーゼルエンジン採用

　国交省所管の船員教育機関である独立行政法人海技教育機構では2隻の帆船と3隻のディーゼルエンジン船の合計5隻の練習船をもっているのだが、その中でも一番新しく建造されたのがこの大成丸だ。

　しかし練習船の船名としての歴史は同機構の中でも最も古く、その歴史は1903年（明治36年）にまで遡ることが出来る。

　当時、日本最初の本格的練習帆船であった月島丸という船が1900年（明治33年）に台風で喪失、その代替として建造されたのが初代の大成丸で、現在の日本丸や海王丸と同じ4本マストのバーク型の帆船だった。同僚の帆船とともに太平洋戦争をなんとか生き延びたものの、終戦直後の残存機雷によって沈没してしまった。この船の木製銘板は歴代の大成丸に引き継がれて、現在もこの4代目の船内に飾られている。

　2代目は戦後、まだ練習船を新造する余力のない当時の航海訓練所が日本郵船の蒸気タービンエンジンの内航貨客船である小樽丸（新潟〜小樽航路）を購入し、10mの船体延長工事を行って1954年（昭和29年）から練習として運用を開始したもので、1981年（昭和56年）に老朽化のため解体された。3代目はその代替という形で同年に新造されたやはり蒸気タービンエンジンを持つ本格練習船で、すでにこの時代ではこのエンジンは通常の商船ではほとんど建造されなくなっていたが、古い船ではまだ残っている船もあったため、敢えて採用されたそうである。

　そして2014年（平成26年）、この4代目大成丸が、その名を持つ練習船としては初めてディーゼルエンジン船として完成した。

　これまでの最近の練習船は3代目の大成丸を含めてどれも100mを超える長さと6000トン近い総トン数を持っていたが、内航貨物船の標準的な大きさに近づけるため二回りほど小さく設計された。さらに、いままでは居住区が長く、操舵室（練習船では船橋と呼んでいる）が前寄りの位置にある、貨客船のようなデザインをしていたが、彼女はそれを船体のほぼ中央に持ってきたため、他のどの船とも似ていない実にユニークな形として完成した。

　海技教育機構のホームページによると、このスタイルは船橋からの視界や操縦の感覚を一般的な船尾エンジンの内航貨物船に類似させるためとのこと……たしかに前部にある居住区を積み荷のコンテナに見立てればそれもうなずける。

小柄な船内に数々の実習設備

　船内は小さい船ながら主に8層に分かれ、下層デッキには上下二つの教室（一つは食堂と図書室兼用）があり、その上の上甲板にはイラストのような実習生の居室が20室、ずらりと並んでおり、後部には4床のベッドを備えた病室と医務室がある。

　さらにその上の端艇甲板は前部に会議室があり、その両舷から長い開放デッキが続き、途中に乗降用の舷梯や訓練艇、交通艇、救命艇といったボート類が並び、最後部は広い練習船伝統の甲板になっている。ここはほかの練習船と同様に各種行事や実習、運動に使われるが、敷いてある木材は天然木ではなく人工のもののため、

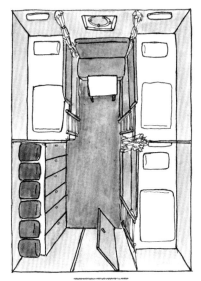

実習生居室

船ではボンクと呼ばれる2段ベッドの6人部屋。ロッカーが 狭いので乗船時に持ち込める荷物は必要最小限のものに限定されている。

昔からの伝統行事となっている実習生によるヤシの実による甲板磨き（椰子ズリ）は行われなくなってしまった。

そこから一階上がった最前部には船長室がある。ここは船長公室と船長執務室、船長寝室の3部屋に分かれていて、船長公室はちょっとしたラウンジぐらいの広さがあり、寄港地での要人訪船の際の応接や士官クラスの打ち合わせ等に使われるとのこと。

さらにその上は練習船ならではの実習船橋という上の航海船橋（操舵室）を模した部屋があり、実習生が単独で操船できる（もちろんその時も航海船橋には航海士がいてリモートで見張っている）。また、この背後には操船シミュレータのある部屋があり、ここでの訓練と実際の操船実習を織り交ぜた反復訓練を行うことが出来るようになっている。

そして一番上のデッキは普段操船が行われる航海船橋（操舵室）があり、航海に必要な全ての機器が搭載され、実習生も20名ほどのグループでこの部屋に入り、航海士の監督下で航海の訓練を行うため、普通の商船にくらべてかなり広い部屋になっている。

このように船乗りの卵を育てるため今日も彼女は日本各地を走り続けている。

大成丸

主要目	2013年 三井造船玉野工場建造
	総トン数3,990トン　全長91.3m　幅15.5m
	航海速力14.5ノット　乗組員56名　実習生120名
	国内各地の練習航海に従事

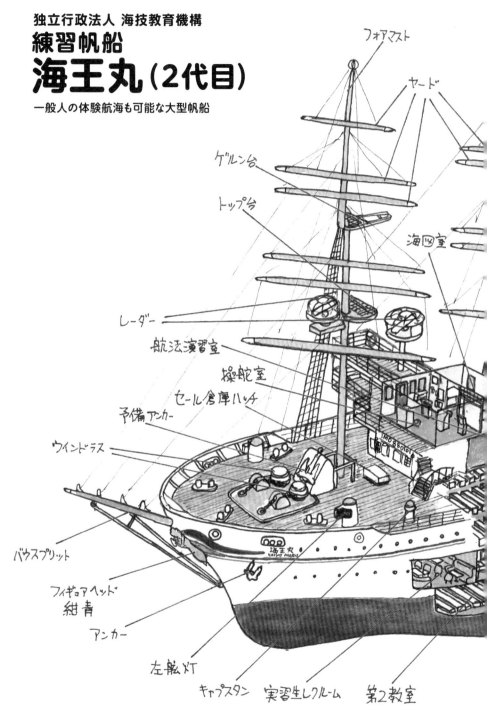

独立行政法人 海技教育機構
練習帆船
海王丸(2代目)

一般人の体験航海も可能な大型帆船

フォアマスト

ヤード

ゲルン台

トップ台

海図室

レーダー

航法演習室

操舵室

セール倉庫ハッチ

予備アンカー

ウインドラス

バウスプリット

フィギュアヘッド
紺青

アンカー

左舷灯

キャプスタン　実習生レクルーム　第2教室

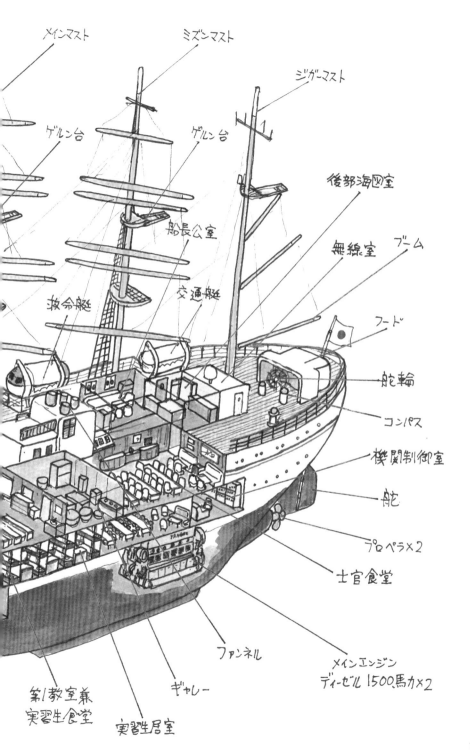

メインマスト

ミズンマスト

ジガーマスト

ゲルン台

ゲルン台

後部海図室

船長公室

無線室　ブーム

交通艇

救命艇

フード

舵輪

コンパス

機関制御室

舵

プロペラ×2

士官食堂

ファンネル

メインエンジン
ディーゼル 1500馬力×2

第1教室兼
実習生食堂

ギャレー

実習生居室

姉妹船日本丸よりも性能アップ

　1930年（昭和5年）から1989年（平成元年）の、実に59年もの長きにわたって帆走練習船として活躍してきた初代海王丸（姉妹船の日本丸は1984年に引退）の後を継ぎ、かつて浦賀にあった住友重機械の造船所で現在の海王丸は誕生した。

　先に同じ工場で建造された姉妹船である現在の日本丸は先代の姉妹同様に国が船員の教育訓練を行うことだけを目的で造ったが、彼女は一般企業や個人、団体からの寄付もいただきながら、現在の公益財団法人海技教育財団（当時の財団法人練習船教育後援会）が、青少年のために海洋教室や一般市民の体験航海にも利用できる船として建造、所有し、運用を現在の海技教育機構（当時の航海訓練所）に任せるかたちで出来上がった。

　そのため船舶登録も第一種船（国際航路に従事する旅客船）として登録され（ただし2002年に第三種船に変更）、旅客設備を持ち、現在でも各学校の練習航海の合間に海技教育財団による一般市民の体験航海や海洋教室が行われている。

　基本的な船の構造は初代をベースにして同じ4檣バーク型帆船で、現在の日本丸より5年後の建造のため、そのノウハウが活かされたより性能の高い船となっている。実際、帆走能力はかなり向上し、2003年（平成15年）には最大瞬間速力で24.3ノットを記録しているらしい。

日本丸との相違点

　ところで、それではこの姉妹、見た目同じに見えるけどどこが違うの？ ということにな

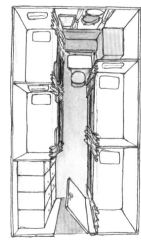

実習生居室
先代と同じ8人部屋がメイン。ボンクの長さも幅も拡大しているが、通路幅はかなり狭くなっている。

るが、まず船体のストライプが海王丸は幅の違うブルーの2本なのに対して、日本丸はもっと濃い紺の1本線となる。

　ただし、この判別方法は遠くから見るとどちらも一本線にしか見えず、濃さも比較できない。そこでもっとわかりやすいのは救命艇の色で、海王丸は白色のボートの上部の前後両端に朱赤のカバーが付いているのに対して、日本丸はカバーがなく全体が濃い朱赤になる。したがって白い船体に白いボートが海王丸、白い船体に赤いボートで日の丸みたいなのが日本丸と覚えるといいと思う。また船首についているフィギュアヘッド（船首像）はどちらも女性像で姉妹なのだが、海王丸（紺青）は、能管と呼ばれる横笛を持っているのに対して、日本丸（藍青）は髪が長く両手を合わせて何かを拝んでいるという違いがある。

　ちなみにこの2代目海王丸の紺青は建造の際に制作されて付けられたのではなく、5年前の日本丸建造時に藍青と同時に造られ、先代の海王丸に取り付けられたものを

交代の際に移植したものである。

先代海王丸との比較

　さて次に先代との比較だが、後のページの初代日本丸と見比べていただきたいのだが、操舵室前の船楼甲板は一段凹んだ形になっていたウェルデッキ（これは先代姉妹の一番の外見的特徴）がなくなったせいもあってとても広々としている。ただし実際には長さは13mほど長くなったものの幅はほんの90cmほどしか広くなっていない。

　また先代ではこの船楼甲板の中央に大きな朱色の円筒形のファンネルが屹立していたが、今は船室の上部から2本の排気筒がほんの少し顔をのぞかせるだけになっているため、少し見ただけでは煙突らしきものの存在しない、より帆船らしい見かけになっている。

　船内に入ると最も広い第1教室兼食堂は先代と造りといい広さといい、驚くほどよく似ている。おそらく使い勝手がとても良かったのだろう。

　また実習生の部屋も雰囲気は似ているものの、戦後の学生さんの体格が良くなったのに伴い2段ベッド（ボンクと呼ぶ）の長さも幅もだいぶ拡大され、ロッカーも備えられて過ごしやすくなっている。船長室は公室部分がかなり広く調度品も多くなっている反面、寝室は少し狭く思えた。一方、天井にステンドグラスがはめられテーブルも椅子もゴージャスだった士官サロンは、ごく普通のテーブルと応接セットが並ぶ広い士官用の食堂になっているところに時代の流れを感じた。このように昭和初期生まれの先代と比べてかなり進化して近代的な帆船になっているとはいえ、かれこれ船齢は30年以上を経過し、お姉さんの日本丸に至ってはもう40年近くなろうとしている。

　色々傷んでいる箇所も出来、補修に費用は掛かると思うが、このご時世で帆船の新造船はなかなか難しいはずなので、あと10年、20年と日本を代表する姉妹帆船としてどちらも現役を続けていってもらいたいと思う。

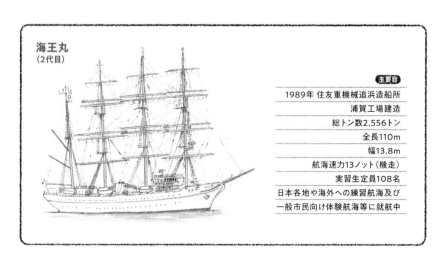

海王丸
(2代目)

主要目

| 1989年 住友重機械追浜造船所 |
| 浦賀工場建造 |
| 総トン数2,556トン |
| 全長110m |
| 幅13.8m |
| 航海速力13ノット（機走） |
| 実習生定員108名 |
| 日本各地や海外への練習航海及び |
| 一般市民向け体験航海等に就航中 |

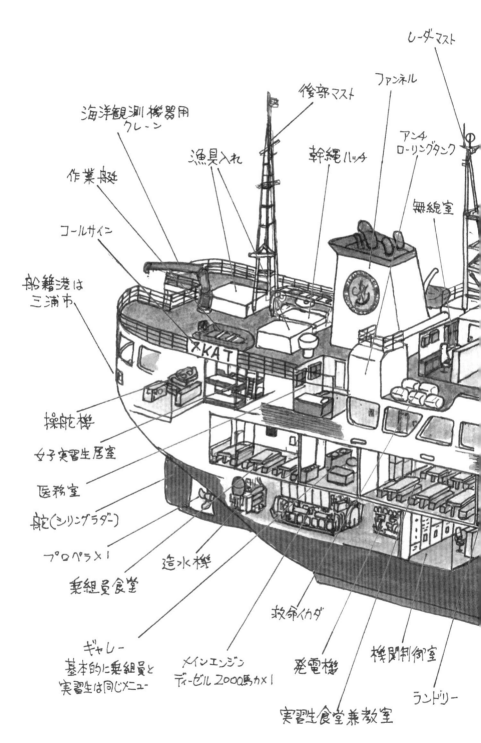

レーダマスト

ファンネル

後部マスト

海洋観測機器用
クレーン

漁具入れ

幹縄ハッチ

アンチ
ローリングタンク

作業艇

無線室

コールサイン

船籍港は
三浦市

KAT

操舵機

女子実習生居室

医務室

舵(シリングラダー)

プロペラ×1

造水機

乗組員食堂

救命イカダ

ギャレー
基本的に乗組員と
実習生は同じメニュー

メインエンジン
ディーゼル 2000馬力×1

発電機

機関制御室

ランドリー

実習生食堂兼教室

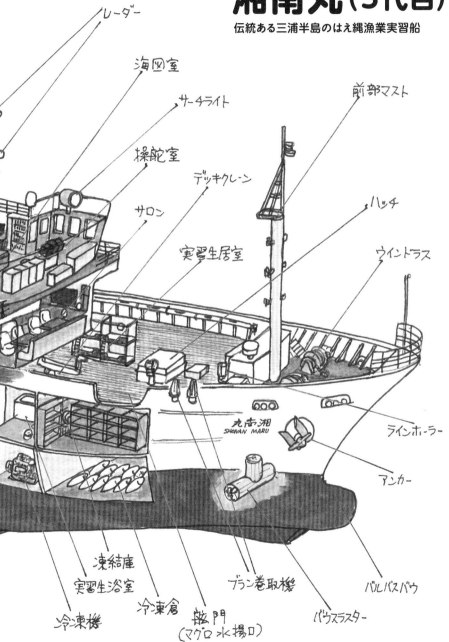

神奈川県立海洋科学高等学校
漁業実習船
湘南丸（5代目）
伝統ある三浦半島のはえ縄漁業実習船

レーダー

海図室

サーチライト

操舵室

デッキクレーン

サロン

実習生居室

前部マスト

ハッチ

ウインドラス

丸南湘
SHONAN MARU

ラインホーラー

アンカー

凍結庫

実習生浴室

ブラン巻取機

バルバスバウ

冷凍機

冷凍倉

艤門
（マグロ水揚口）

バウスラスター

80余年の歴史が刻まれた
水産高等学校

　四方を海に囲まれたわが国には水産業の知識や技術、航海術などを学ぶ数多くの水産高等学校(海洋高等学校)があり、2021年(令和3年)現在27船の高校所有の漁業実習船が存在している。

　そんな中、本項で紹介するのは1940年(昭和15年)に神奈川県立水産講習所としての創立以来80余年の歴史を持つ、神奈川県立海洋科学高等学校が所有する5代目(同校の実習船としては初代に神奈川丸、2代目にみうら丸があるので7代目)にあたる湘南丸である。

古き良き伝統の漁法を伝える最新鋭船

　古くから遠洋漁業の港町として栄え、水揚げされたマグロ料理で有名な神奈川県三浦半島南端近くにある三崎港。

　そのほぼ中央にある花暮岸壁に多くの漁船が停泊する中で湘南丸はひときわ大きく優雅な船体を横付けしていた。

　漁業実習船といってもカツオの一本釣り、トロール漁業、イカ釣り漁など様々な漁業に特化した船があるが、彼女は一番多いタイプのマグロ漁を行う実習船で、基本構造はマグロ漁船と同じくしながらも55名の生徒を乗せるため、より客船に近いスタイルで、平均的なマグロ漁船より二回りほど大きくなっている。

　船内は4層に分かれ、まず最上階の航海船橋甲板には操舵室や海図室、無線室など航海に必要な部屋が並んでいる。

　操舵室も海図室も実習生の航海訓練のため一般の船より広く取られ、無線室には

　今では一般の商船では使われなくなってしまったものの、遠洋漁船や自衛隊ではまだ使用されているモールス信号無線機(コールサインは7KAT)も置かれているのが珍しい。

　その後ろには横揺れ防止装置のアンチローリングタンクが装備されていて、先代のものよりだいぶ大型化されて効きも良くなったとのこと。ちなみに同じ横揺れ防止装置でも客船やフェリーに採用されているフィンスタビライザーは航海中には効力を発揮するが、操業中のような停船時はほとんど効果がないと言われている。

　その下の乗降口のある船楼甲板は船首がはえ縄漁業実習用の作業スペースで作業者の負担軽減のため木甲板となり、中央部は船長以下乗組員の居室、最後部に延縄投入口があるのはマグロ漁船ともだいたい共通である。

　さらに下の上甲板の左舷側には実習生の居室(6人部屋)がずらりと並んでおり、後部の居室は数少ない女子生徒用(男女比率は9:1ぐらい)になっている。

　一方、このデッキの右舷側は中央のギャ

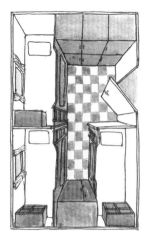

実習生室

二段ベッドの6人部屋で各自のロッカーが付いている。窓のあるベッドを取るのは6人の実習生によるクジ引きなのだろうか?

118

レーを挟んで前に実習生用（実習生の教室としても使用）、後部には乗組員用の食堂があるが、どちらも基本的なメニューは同じものが供されるとのことだった。

そして最も下の船倉甲板は前半部が水揚げしたマグロの冷凍庫で、中央が乗組員の居室、後部が機関室になっており、やはり機関制御室も実習生のためスペースがかなり広く取られていた。

本格マグロはえ縄漁業と海洋調査

マグロ漁に関しては遠洋マグロ漁船の第二十一磯前丸の項で詳しく述べているので割愛するが、彼女も年に2回の遠洋航海実習を行い、その間にそれぞれ25回ほどのマグロはえ縄漁業実習を行い、以前はハワイにも寄港していた（コロナウイルスの感染拡大により現在は見合わせている）。

しかしながら2020年（令和2年）の11月から12月にかけて行われた日本近海のみ（と言っても数千キロ沖合まで行くが……）の遠洋航海では合計12回のはえ縄漁業実習を行い、メバチマグロ、キハダマグロ、マカジキなど10種類ほどで10トン近い水揚げがあったとのことで、多少三浦市の経済にも貢献しているかもしれない。

また彼女は海洋調査船としての機能も兼ね備えていて、後部デッキにはCTD・採水装置と呼ばれる海水測定機器を下ろすクレーンも装備されており、以前は学生やJAMSTEC海洋研究開発機構の職員による各種の海洋調査も行われていた。

ちなみにはえ縄を使った海洋生物の調査では先代の湘南丸が2016年（平成28年）に駿河湾沖の深海2千数百メートルで新種の巨大深海魚のヨコヅナイワシを発見したことでも有名になっている。

このように大活躍の湘南丸、この新造船になって乗り心地もだいぶ良くなったと実習生の評判も高いと聞く。実習航海に出ているときも多いが、母港の三崎港にいるときは観光客に人気の高いうらりマルシェからでも見える位置に停泊しているので、三崎のマグロを食べに行ったときは見ていってほしい。運が良ければ入出港のタイミングにぶつかるかもしれない。

湘南丸
（5代目）

主要目	2019年 新潟造船建造
	総トン数696トン（国際）　全長65.4m　幅10.1m
	航海速力12ノット　実習生定員55名
	神奈川県三浦市三崎港からはえ縄漁業実習航海などに使用

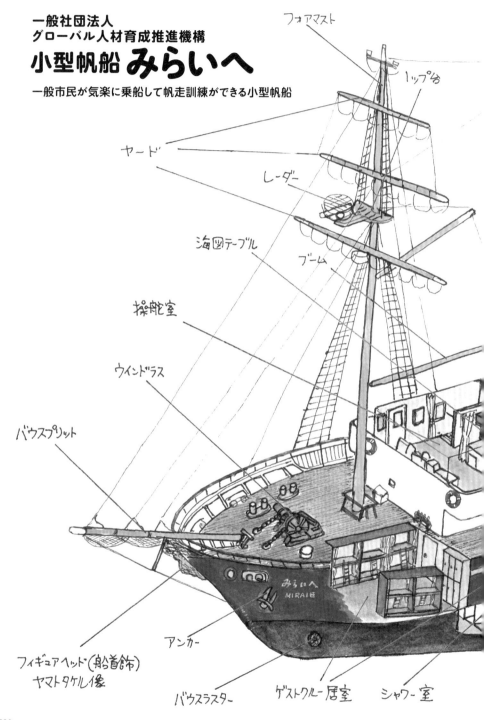

一般社団法人
グローバル人材育成推進機構

小型帆船 みらいへ

一般市民が気楽に乗船して帆走訓練ができる小型帆船

フォアマスト

トップ帆

ヤード

レーダー

海図テーブル

ブーム

操舵室

ウインドラス

バウスプリット

フィギュアヘッド(船首飾)
ヤマトタケル像

アンカー

バウスラスター

ゲストクルー居室

シャワー室

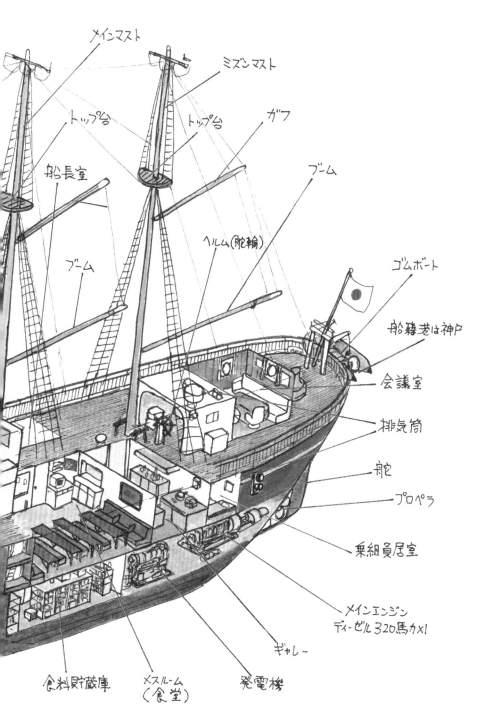

メインマスト

ミズンマスト

トップ台

トップ台

ガフ

船長室

ブーム

ブーム

ヘルム(舵輪)

ゴムボート

船籍港は神戸

会議室

排気筒

舵

プロペラ

乗組員居室

メインエンジン
ディーゼル320馬力×1

ギャレー

食料貯蔵庫

メスルーム
(食堂)

発電機

121

海への憧れから海の未来へ

　1983年（昭和58年）日本最初の本格帆船パレードである「大阪帆船まつり」が国内外から10隻以上の帆船を集めて大阪湾で開催され、その大成功から日本でも一般市民を対象にしてセイルトレーニングが出来る帆船建造の機運が高まっていった。そんな中、イベントのおひざ元である大阪市が練習帆船の日本丸と海王丸の帆船の製造経験のある住友重機械工業浦賀造船所に依頼して1993年（平成5年）に建造したのが現在の帆船みらいへの前身のあこがれである。

　あこがれは基本的には大阪南港のATCオズ岸壁をホームポートとして日帰り航海から1泊から3泊までの宿泊航海、そして長期航海まで各種のセールトレーニング航海を行い、その合間には国内外で行われた帆船祭り等のイベントやヨットレースのホストシップで参加、2000年（平成12年）には日本の帆船として初めての世界一周航海も行っていた。

　ところが、2012年（平成24年）に大阪市が市の財政難を理由に運航中止を決定、しばらく係船されたのち、翌年民間に売却され、2014年（平成26年）から船体色を紺色に塗り替え、船名もみらいへ改め、神戸港をベースにした日本各地のセールトレーニング航海を行って現在に至っている。

乗客ではなくゲストのクルー（乗組員）

　みらいへの航海は企業、学校、その他団体の研修トレーニング航海が主体ではあるが、一般の市民を対象とした体験航海も数多く行っており、神戸港を母港としている

ものの、日本全国色々な港から航海を行っている。関東では横浜港のぷかり桟橋や千葉の千葉みなと旅客船さん橋に毎年何度も来航し、私もとても楽しいのでそんな折に機会があればなるべく乗るようにして、気が付けば乗船経験は全て日帰り航海ながらもう10回を超えてしまった。

　彼女の帆船航海はお金を払って乗船するという意味では普通の客船と変わりないのだが、一旦乗り込むとそれはクルーズではなく体験乗船であり、乗客はゲストクルーと呼ばれ、つまり乗組員に準じた扱いとなるのが大きく違うところだ。宿泊はもちろん全て2段ベッドの相部屋で個室は無い。

　港を出るとまず全員が上甲板に集合し、船での過ごし方などのレクチャーを受ける。そして全員の力を合わせて指示に従って展帆作業を行うこととなる。

　「ツー・シックス・ヒーブ」の掛け声のもと、小学生も主婦も大会社の社長もフリーターも、そんな陸上の立場や年齢等ここでは全く関係なく、みんな同じに汗を流してロープを引っ張り、やがて真っ白なセールが風をはらむと歓声が沸き起こる。船は風と反対方向にかしぎながらどんどんスピードを上げていく。こんな素晴らしい経験はなかなかできるものではない。

　食事は乗組員と同じメスルーム（食堂兼講義室）で用意され、天気のいい日はそれを甲板に持ってあがり、みんなで車座になってワイワイ言いながら味わうことも出来る。

　また乗組員に準じた扱いのため、操舵室に出入りするのも自由で、船長や航海士の指導を受けながら舵を握ったり、色々と船や海の話を聞かせてもらうのも楽しい。

　極めつけは船首先端に取り付けられた帆

柱の最前部まで行くバウスプリット渡りやマストの中ほどにあるトップ台まで登るマストクライム（宿泊付きプログラムで実施）といった帆船ならではの体験で、航海中の船を高いところで風を切りながら眺めるのは実に気持ちがいい。もちろんハーネス型の安全帯を着用し必ずカラビナフックを近くのロープにその都度引っ掛けながらの行動なので危険はない。（でも高所恐怖症の人はやめておいた方がいいと思う）

その他にもデッキ上やメスルームを利用しての航海講座やロープワーク講座など船と航海に関する様々なカルチャー講座が行われていて退屈することなど全くないし、もちろんこういったことに参加せず、潮風の気持ちいい天然木のデッキでのんびりと本を読んだり昼寝をするのも自由である。

私は経験がないのだが、宿泊付きのプログラムだと朝、デッキに砂を撒いて半分に割った椰子の実でチーク材の床を磨くタンツー（椰子ズリ）という掃除も実施され、航海練習船の実習生さん気分が味わえるようである。

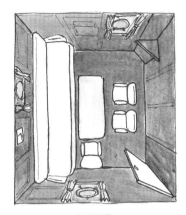

会議室

上甲板の後部の舵輪（ヘルム）のさらに後ろにある、ゲストクルーが入ることの出来ない謎の部屋。取材で特別に中に入れて貰ったら、なんてことはない普通の素敵な部屋だった。

以上は日帰りか、1泊2日の短期間で、いわば帆船お試しコースの気軽なものであるが、このほかにも2泊3日以上のもっと本格的な操船訓練を行うセイルチャレンジというコースも用意されていて、自分を厳しい環境に置いて鍛えなおそうという方にはぴったりだ。私はもちろん…無理です。ハイ…

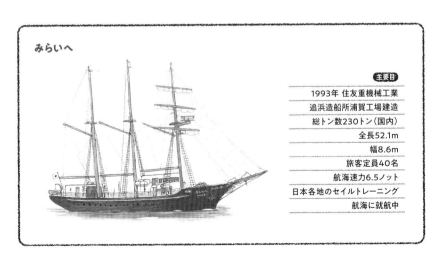

みらいへ

主要目
1993年 住友重機械工業
追浜造船所浦賀工場建造
総トン数230トン（国内）
全長52.1m
幅8.6m
旅客定員40名
航海速力6.5ノット
日本各地のセイルトレーニング
航海に就航中

滋賀県立びわ湖フローティングスクール

学習船うみのこ（2代目）

日本で唯一、小学生限定の宿泊体験型学習航海をする船

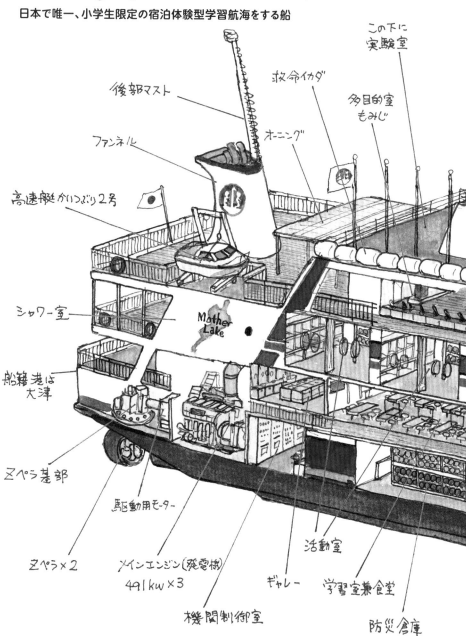

後部マスト

ファンネル

高速艇 かいつぶり2号

シャワー室

船籍港は
大津

スペラ基部

駆動用モーター

スペラ×2

メインエンジン（発電機）
491kw×3

機関制御室

救命イカダ

オーニング

この下に
実験室

多目的室
もみじ

Mother
Lake

活動室

ギャレー

学習室兼食堂

防災倉庫

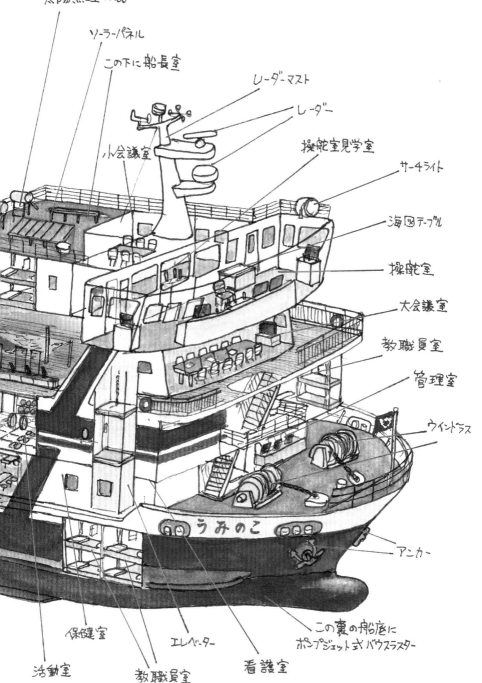

太陽熱温水器

ソーラーパネル

この下に船長室

小会議室

レーダーマスト

レーダー

操舵室見学室

サーチライト

海図テーブル

操舵室

大会議室

教職員室

管理室

ウインドラス

うみのこ

アンカー

保健室

活動室

エレベーター

教職員室

看護室

この裏の船底に
ポンプジェット式 バウスラスター

125

先代よりサイズアップした新造船

　滋賀県の面積の6分の一を占める日本最大の湖の琵琶湖は古くから水運が栄え、海に面していない内陸県でありながら滋賀県民が船に親しむ機会が多く、県民の宝として大切にされてきた。

　1983年（昭和58年）、県内の小学生が船に乗って共同生活を送ることでそんな琵琶湖に親しみながら学習する機会を持たせようと、初代の学習船うみのこが建造された。

　以来、35年間で50万人以上の県内の小学校5年生を乗せて広い琵琶湖の隅から隅まで走り続け、2018年（平成30年）に新造船の2代目うみのこにその座を譲った。

　その新造船のうみのこは、先代と比べて長さと幅はほとんど変わらないものの、先代の4デッキ構造から5デッキ構造となり、喫水も1mから1.5mと深くなったため、総トン数は928トンから1355トンと大きく増えている。また3台の発電用ディーゼルエンジンによる電気推進方式が採用されたのも彼女の特徴だ。

180人の子どもたちが
寝泊まりして学ぶ

　先代同様、琵琶湖沿岸各地にある狭い漁港（乗船する小学校の最寄り港）での離接岸を容易にするために全方向回転式のZペラが採用されており、最上階の4階にある操舵室では何本もの操舵レバーで自在に船を操る。その背後はガラス張りの見学室になっていて乗船した小学生が操船している様子をつぶさに見ることが出来、先代から移植した操舵レバーのついたコンソ

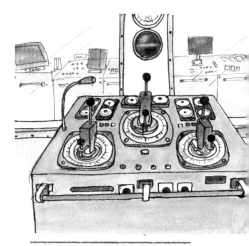

操舵室見学室の学習用操舵コンソール

初代うみのこの操舵室にあった実物を移植。触ったり操作したりできるが、もちろん船は動かない。

ールも備え付けられている。

　一般には船の運転イコール丸い舵輪を回すというイメージがあるので、最初は子どもたちも見慣れないレバーに驚くようだが、360度回転するコルトノズルに入ったZペラともども説明すると興味を持ってくれる。

　その下の3階にはかなりのスペースを持つ多目的室と呼ばれるホールがあり、ここでは開会式や朝のつどい、レクリエーション（各校対抗綱引きなど）などが行われ、両サイドには多くの琵琶湖に生息するプランクトン観察用の顕微鏡が用意されている。

　また滋賀県全土の衛星写真を一枚の大きなシートにしたものを中央に広げることも可能で、子どもたちがその上に乗って楽しみながら地理を学習することが出来る。

　ちなみにこの部屋は美しく磨かれたフローリングで覆われているが、他にも児童の行き来する甲板や各室のテーブルや椅子など地元滋賀県産の木材を多く使っているとの

ことであった。

　学習航海は通常1泊2日の日程で行われ（取材時はコロナ禍のため日帰りに変更されていた）、夜間は子どもたちは2階にある活動室と呼ばれるちょうどフェリーの二等和室のようなコンパートメントに毛布を自分たちで敷いて眠る。大浴場は無く、同じデッキの後方にあるシャワー室に交代に入るかたちだ。

　さらに下の1階は学習授業の教室としても使われる広い食堂があり、ここの造りは練習船とよく似ている。ちなみにここで昼食の際に食べられるカツカレーは「湖の子カレー」として評判で、先日、県内のコンビニで限定販売したところ大ヒット商品になったとのこと……さぞかし美味しいのだろうとちょっと食べてみたくなった。

　最下層デッキは喫水近にあり、前方部は引率の教職員の居室が並んでいる。中央部は広い防災倉庫になっていて、災害時には負傷者の収容や搬送、物資の輸送等に活用されるべく設計されているとのことだった。

親から子へ、そして孫へ……船旅の楽しさを伝える

　彼女の航海では備え付けの顕微鏡や水中カメラなどを使った湖の動植物の観察や水質調査、湖に点在する島に寄港しての見学や展望活動など数多くの学習活動を行い、集団生活の規律と楽しさも学んでゆく。また船に乗ることの楽しさも知ることが出来、この体験によって外洋を航海する船乗りを目指した子どももたくさんいたとのことだった。

　それにしても我が国は四方を海に囲まれた島国であり、その大半の都道府県が海に面しているというのに、子どもたちに船の楽しさや重要さを教える船舶を所有しているのが、たった8県しかない内陸県（海無し県）のひとつの滋賀県だけというのはなんとも皮肉というか情けない話のような気がする。

　これからもずっと活躍し、親、子、孫の3代にわたって乗り継がれていく船になっていってもらうことを、そしていつかこんな素晴らしい船が日本各地に登場することを願ってやまない。

うみのこ（2代目）

主要目	
	2018年 中谷造船所琵琶湖工場（杢兵衛造船所）建造
	総トン数1,355トン　全長65m　幅12m
	海速力8〜9ノット　旅客定員（児童）宿泊180名
	滋賀県内の小学生を対象とした琵琶湖の体験学習航海に就航

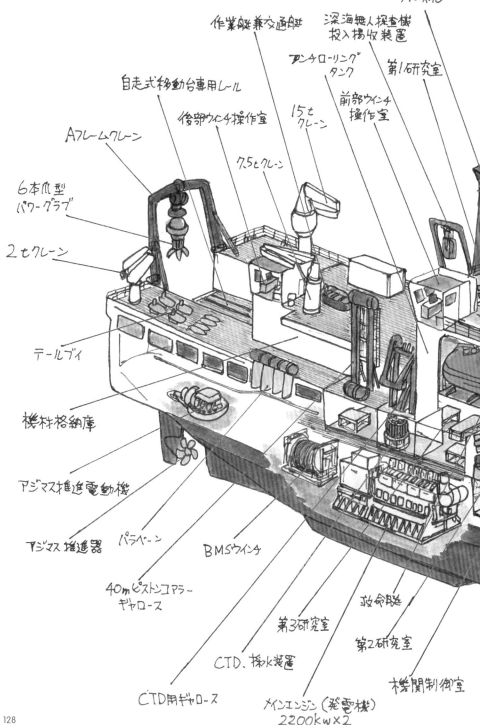

ファンネル

作業艇兼交通艇

深海無人探査機
投入揚収装置

アンチローリング
タンク

第1研究室

自走式移動台専用レール

15t
クレーン

前部ウインチ
操作室

後部ウインチ操作室

Aフレームクレーン

7.5tクレーン

6本爪型
パワーグラブ

2tクレーン

テールブイ

機材格納庫

アジマス推進電動機

アジマス推進器

パラベーン

BMSウインチ

40mピストンコアラー
ギャロース

救命艇

第3研究室

第2研究室

CTD、採水装置

機関制御室

CTD用ギャロース

メインエンジン（発電機）
2200kw×2

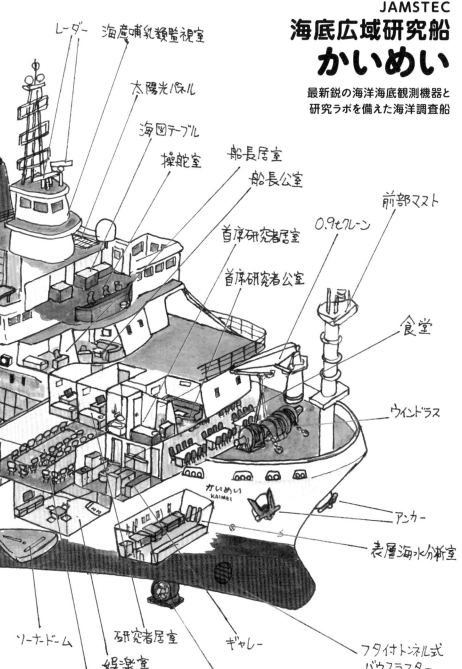

国立研究開発法人 海洋研究開発機構
JAMSTEC

海底広域研究船
かいめい

最新鋭の海洋海底観測機器と
研究ラボを備えた海洋調査船

レーダー　海底哺乳類監視室

太陽光パネル

海図テーブル

操舵室　　船長居室

船長公室

首席研究者居室

首席研究者公室

0.9tクレーン

前部マスト

食堂

ウインドラス

かいめい
KAIMEI

アンカー

表層海水分析室

ソーナードーム

研究者居室

娯楽室

リサーチルーム

ギャレー

昇降旋回式バウスラスター

フタ付トンネル式
バウスラスター

129

海洋調査のエース的存在

　四方を海で囲まれた日本の、その広い排他的経済水域の海底には有益な資源が豊富に眠っており、また地下深くでは太平洋プレートなどの4つの岩盤であるプレートが複雑にからみあって大規模地震の巣窟となっている。

　そんな宝の山でもあり、危険地帯でもあるというややこしい日本の海の中を調査研究するため、様々な研究機関が何隻もの海洋調査船を保有し、活躍している。

　ここで紹介するかいめいはそのような海洋調査船を多く持つ、国立研究開発法人海洋研究開発機構（通称JAMSTEC）の中でも最新鋭の調査船である。

　彼女は同機構で最初の調査船だった、「なつしま」と「かいよう」の代船として2016年（平成28年）に完成し、まるでUFOキャッチャーのような2種類のパワーグラブ、深海無人探査機（KM-ROV）、CTD／採水装置、40mピストンコアラーなど海底の地殻構造や海底資源を調べるためのありとあらゆる観測機器が備えられ、JAMSTECの方曰く「海洋調査のデパート」といった存在になっている。

海洋動物の生態にも配慮

　船体は左舷にオフセットされたファンネルを中心にして前半部に乗組員と研究者の居住施設や3部屋の研究室が集中していて、後半部は観測機器とその関連設備のためのスペースになっている。

　前半部で特徴的なのは操舵室の真上のレーダーマストに備えられた海産哺乳類監視室と呼ばれる小さな展望室のようなものだ

ろうか。これを見た瞬間、「クジラとかイルカといった海洋動物も観察して研究するんだ」と思っていた。ところがそうではなくて、海底下の地層調査の際には曳航するエアガンで強力な音波を発生させ、それを観測する機器を曳航するわけなのだが、その時に海洋動物に悪影響を及ぼさないように、近くを泳いでいないことを確認する部屋なのだそうである。

　操舵室の真後ろには船内で一番主体となる第一研究室がある。ここは操舵室とドア一枚でつながっていて、研究者が上に述べたような水中音響機器を使用する際に船長と連絡が密に取れるようになっている。

　この階の下は5層にわたって乗組員居室と38名分の研究者の個室や研究室、会議室等があるが、なかでも私がいちばん興味深かったのはどの研究室でもなく、第2甲板の中央にある娯楽室だった。ここは靴を脱いで上がるまるでフェリーの2等カーペット室を小さくしたような部屋で、乗組員、研究者はここでゲームをしたり寝転がったりしてくつろぐことが出来るとのこと……長い研究航海のあいだにこうした施設で緊張をほぐせるのはとてもいいと思う。

　もちろん食堂もA甲板前部にかなり広いスペースが設けられていて乗組員、研究者が共通で利用できる。

　船体後半部分は後部作業甲板と呼ばれる2層の広い木甲板になっていて大小さまざまなクレーンやウインチなどが所狭しと設置されている。

　中央部は広い2層吹き抜けの格納庫があり、そこから船尾にある巨大なAフレームクレーンまで2組の線路が伸びている。ここを電動自走式の台車が様々な観測用機器を

乗せて移動し、船尾から海中に投入するわけである。

海洋海底調査に最適の 電動推進システム

　船体の中央下部の機関室には大小4つのディーゼル発電機が置かれ、2基の推進電動機を作動させてアジマスラスターを動かす電動推進システムとなっている。これは主に振動と騒音を極力少なくして水中音響機器を使用中の影響を少なくするためだそうである。

　そしてさらに船首寄りの船底にも格納式のアジマスタイプのバウスラスターと通常のバウスラスターの2基を備え、操舵室からの操作で、船体を360度自由に向きを変えられ、自動船位保持装置によって誤差10センチの範囲で観測のため定点に留まっていられるとのこと。通常のバウスラスターも船底にあるソーナー（音響測深器）の作動に悪影響を及ぼさないように4枚の板によって蓋のように閉じられるタイプになっているのが面白い。

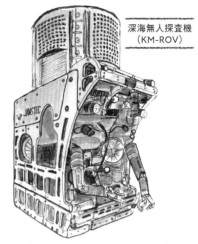

深海無人探査機 （KM-ROV）

かいめいに搭載されている深度3000mまでの調査が可能な探査機。深海の撮影や鉱物資源、深海生物の採取を行うことが出来る。

　JAMSTECではこのほかにも巨大な堀削やぐらを持つ地球深部探査船ちきゅうや、有人潜水調査船しんかい6500にその母船のよこすか等、様々なタイプの海洋調査船を持ち各地で活躍している。現在北極域研究船という砕氷船も2026年（令和8年）の完成を目指して計画中とのこと、その就航も楽しみである。

かいめい

主要目	2016年 三菱重工業下関造船所建造
	総トン数5,747トン　全長100.5m　幅20.5m
	航海速力12ノット　乗組員27名　研究者38名
	日本近海周辺の海洋および海底資源調査に就航中

第**4**章

見るフネ

日本郵船氷川丸
貨客船 氷川丸
我が国にただ一隻残る戦前のオーシャンライナー

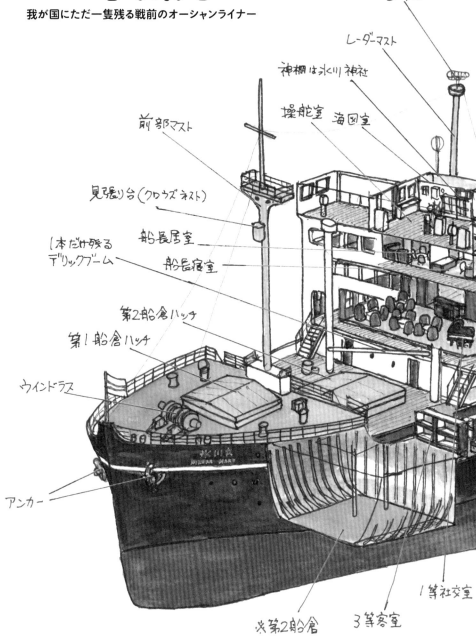

レーダー

レーダーマスト

神棚は氷川神社

操舵室 海図室

前部マスト

見張り台 (クロウズネスト)

船長居室

1本だけ残る
デリックブーム

船長寝室

第2船倉ハッチ

第1船倉ハッチ

ウインドラス

アンカー

氷川丸 HIKAWA MARU

1等社交室

3等客室

第2船倉

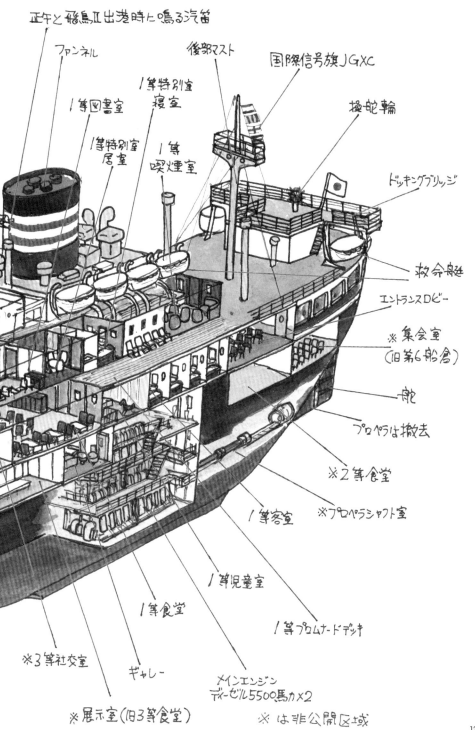

正午と飛鳥Ⅱ出港時に鳴る汽笛

ファンネル

後部マスト

国際信号旗 JGXC

操舵輪

1等図書室

1等特別室
寝室

1等特別室
居室

1等
喫煙室

ドッキングブリッジ

救命艇

エントランスロビー

※集会室
（旧第6船倉）

舵

プロペラは撤去

※2等食堂

※プロペラシャフト室

1等客室

1等児童室

1等プロムナードデッキ

1等食堂

ギャレー

メインエンジン
ディーゼル5500馬力×2

※3等社交室

※展示室（旧3等食堂）

※ は非公開区域

135

横浜港に浮かぶ奇跡の船

　休日は多くの観光客や行楽客で賑わう横浜港に面した山下公園。ここを行き交う人々は、係留保存されている氷川丸をあたかも存在が当然のように見て歩いているが、1世紀近く前の平凡な貨物船が現在もここにあると言うことは真の奇跡であることにはほとんど誰も気が付いていない。

　1930年（昭和5年）、彼女は、現在のみなとみらい地区、当時の横浜船渠（現　三菱重工業株式会社）で日本郵船の北米シアトル定期航路の貨客船として産声を上げた。

　美味しい食事と家庭的な雰囲気を持つこの航路の日本船の人気は高く、映画俳優のチャーリー・チャップリンや戦前の五輪招致の立役者で日本柔道の祖、嘉納治五郎ら著名人の多い一等船客から、新天地に夢を求めて旅立った移住者などの三等船客まで大いににぎわった。

　また当時、日本産の絹糸も海外で評判がよく、彼女にもシルクルームと呼ばれる絹糸専用の船倉を設けて大切に運ばれていった。

　しかしそんな幸福な時代もつかの間……やがて日本は太平洋戦争に突入、1941年（昭和16年）海軍徴用され病院船となった彼女は南方戦線に送られていく。

　病院船として攻撃対象ではない船ではあったものの、3度の触雷に遭遇。しかし厚い鋼板で造られていたことから大破沈没を免れ終戦を迎えられた。

　終戦後は復員輸送や一般邦人の引き揚げ輸送に従事し、約3万人の人々を日本に送り届けたのちの1947年（昭和22年）、大阪／横浜〜室蘭／函館の定期航路に就航した。

　さらに1951年（昭和26年）の外航貨客船としてのニューヨーク、欧州航路就航を経て、翌々年に12年ぶりにシアトル航路に復帰した。

　やがて老朽化し、航空機との競争にもあおられた氷川丸は1960年（昭和35年）、その30年の貨客船としての役目を終えて引退し、もはや解体かと思われたが、誕生の地の横浜市と神奈川県が保存に名乗りをあげ、現在の地に宿泊施設を兼ねた観光船として係留されることとなった。

　しかし開業当時は押しかけた来場者も年を追うごとに減り続け、今度こそこれまでか……と思っていたが、2008年（平成20年）に「日本郵船氷川丸」としてリニューアルオープンし、2016年（平成28年）には海上に保存されている船舶では初の重要文化財に指定されて博物館船として今に至っている。

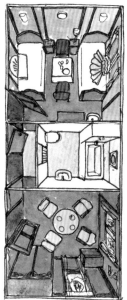

一等特別室

社交室や喫煙室と同じブロムナードデッキに面した今でいうスイートルーム。中央にバスルームがあり応接室と寝室に分かれている。ガラス窓は鮮やかなステンドグラスになっていて外を見ることは難しい。

戦前の華麗なる社交界と船の技術、国際物流を今に伝える

　現在の船内はイラストのような1等特別室や食堂、社交室（ラウンジ）、喫煙室、読書室、児童室など就航当時の姿を再現した1等の各施設や機関室、操舵室、3等客室などが公開されており、とくに左舷のボートデッキの下の板張りの1等プロムナードで海を眺めていると往時のオーシャンライナーの雰囲気に浸ることが出来る。

　また竣工当時のアールデコ風の装飾も船内各所に保存状態がよく残されており、当時の最新鋭のインテリアデザインの片鱗を垣間見ることが出来てとても楽しい。

　ただ、こうした豪華な内装を持つ1等関係の設備が公開の中心となっていて、「豪華客船」という世間一般が受けるイメージがクローズアップされているが、実際は彼女の船内で現在公開されているのはほんの一部でしかない。

　係留後、長年にわたり、度重なる観光施設としての改装の結果、本来彼女の重要な役目を担っていた貨物倉や2等、3等船客関係の施設はそのほとんどが大きく変化し往時の姿をとどめていない。

　そんな中、取材で少し見せていただいた船首の広大な第2貨物倉は就航当時のままの姿をとどめ、船殻を支える鋼鉄製の肋骨（キール）が何十本もむき出しになり、まるで子供のころに絵本で見たピノキオが入ったクジラのお腹のようであった。

　それは戦前の船舶による国際物流を今に伝え、本来の氷川丸の戦前の貨客船としての姿をしっかりととどめた素晴らしい産業遺産であり、とても感動的なものであったが、残念ながらここに至るまでの足場が老朽化による腐食でかなり危険なものとなっており、とても一般に公開できるレベルでは無いのが残念でならない。

　かつては船首楼甲板の内部や船尾のプロペラシャフト室などに行くことのできる非公開区域ツアーというのを年数回実施していていたがコロナ禍以降開催されていない。

　早くそんな場所も見られる時代に戻ってほしいものである。

氷川丸

主要目 （竣工当時）	1930年 横浜船渠建造	
総トン数11,622トン　全長163.3m　幅20.1m		
航海速力18.4ノット　旅客定員286名　載貨重量10,436トン		
みなとみらい線元町・中華街駅4番出口より徒歩3分　　月曜休館　　入館料大人300円		

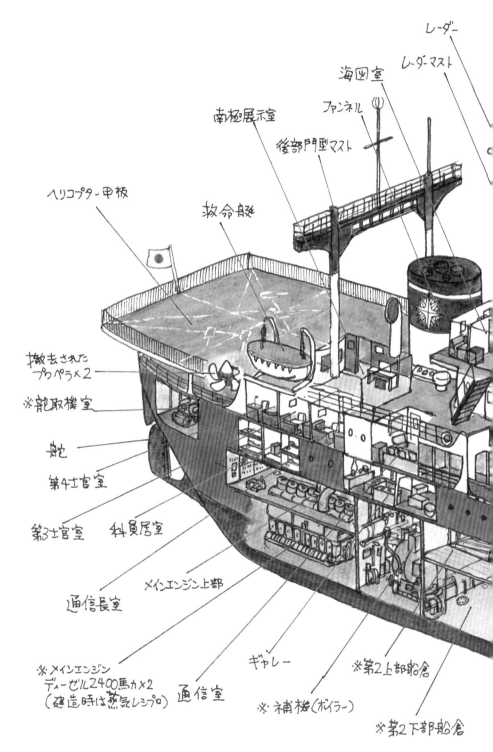

レーダー

レーダーマスト

海図室

ファンネル

南極展示室

後部門型マスト

ヘリコプター甲板

救命艇

撤去された
プロペラ×2

※舵取機室

舵

第4士官室

第3士官室　科員居室

通信長室

メインエンジン上部

※メインエンジン
ディーゼル2400馬力×2
（建造時は蒸気レシプロ）

通信室

ギャレー

※補機(ボイラー)

※第2上部船倉

※第2下部船倉

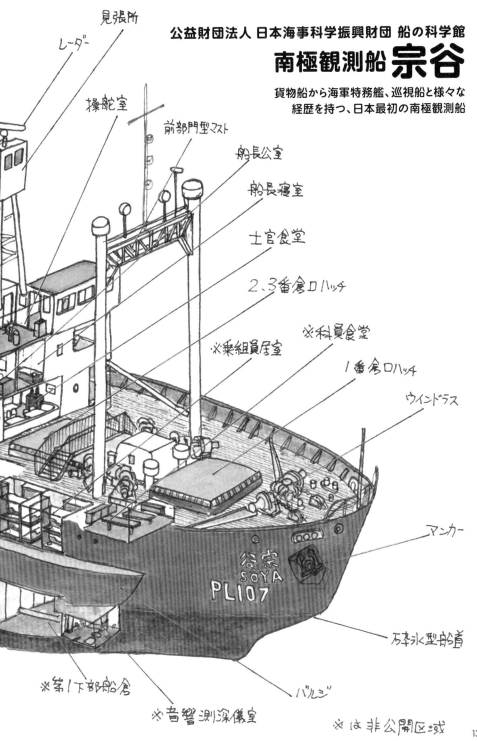

公益財団法人 日本海事科学振興財団 船の科学館
南極観測船 宗谷
貨物船から海軍特務艦、巡視船と様々な
経歴を持つ、日本最初の南極観測船

見張所

レーダー

操舵室

前部門型マスト

船長公室

船長寝室

士官食堂

2、3番倉口ハッチ

※乗組員居室

※科員食堂

1番倉口ハッチ

ウインドラス

マンカー

宗谷
SOYA
PL107

石本氷型船首

バルジ

※第1下部船倉

※音響測深儀室

バルジ

※は非公開区域

139

東京港の片隅に浮かぶ小さな保存船

　長年にわたり海外に開かれた東京港の海の玄関口であった晴海ふ頭の客船ターミナルに替わり、東京オリンピックに合わせて20万トンクラスの船まで係留できるように建てられたお台場地区の東京国際クルーズターミナル。

　そのすぐ近くに1隻の小さなオレンジ色の船が係留保存され一般公開されている。これが戦後の日本が初めて本格的な観測隊を南極に送り込み、現在の昭和基地を建設した、初代南極観測船の宗谷である。

おそらく現存する唯一の
太平洋戦争当時の帝国海軍艦船

　彼女はもともと戦前のソ連がオホーツク海域に就航させるために日本の造船所に建造を依頼した、流氷などに対応できる耐氷船だったが、色々あって最終的には日本の貨物船として1938年（昭和13年）に完成、地領丸という船名で函館からカムチャッカ方面に就航した。

　ところがほどなく彼女は海軍に召し抱えられ、北方海域での水路測量のための耐氷特務艦として大規模な改造が施され船名も現在と同じ、宗谷に改められた。

　最初のうちは本来の耐氷能力を活かした北方の測量任務についていたものの、いつの間にか本来の土俵ではないはずの南洋諸島に赴任させられ、やがて太平洋戦争が始まってしまう。

　戦後も多くが生き延びた病院船とは違い、簡素ながらも武装した、見かけは商船、中身は一応軍艦なので、測量先各地で米軍の攻撃を受けるがそのたびに運よく何とか助かり続け、トラック島泊地の大空襲では50隻もの軍艦、輸送船が沈没もしくは大損傷を受けた中で宗谷を含む数隻は無事だったという見事な生還劇を果たしている。その後も終戦まで何度も敵の攻撃で危機的な状況に会いながら生き延びた奇跡の船と言っていい。

　戦後は引き揚げ船として活躍し、それが終了すると海上保安庁に移籍して、宗谷の船名のまま今度は灯台補給船となり、しばらく任務に就いていた。やがて日本が「国際地球観測年」に参加することが決定したため、南極に行く船が必要ということになり、耐氷構造であった彼女が本格的な砕氷船として大改造されて生まれ変わることになったわけである。

　1956年（昭和31年）、改造工事が終了し、第一次南極観測隊を乗せた宗谷は大声援を受けて東京港を出港し南極に向かった。

　しかしもともと厚い氷を砕く砕氷能力など持ち合わせていない耐氷船として生まれ、戦争で痛めつけられ、建造から20年近くが経過した小さな彼女にとって初めての南極は試練続きで、皮肉なことに本来自分が売られていくはずだった国であるソ連の砕氷船オビに助けられながらなんとか日本に戻ってきた。その後もやはり苦労しながらも（置き去りにされても1年間生き延びたカラフト犬のタロとジロの話はあまりに有名）合計6回の南極への航海を行い、1961年（昭和36年）、その道を後任の海上自衛隊の砕氷艦ふじに譲った。

　翌年からはその砕氷能力を活かして北方海域の巡視船に転身したのち1978年（昭和53年）、建造から40年を経過して退役、

南極観測船当時のアラートオレンジに塗り替えられて現在の場所に保存されて今を迎えている。

比較的南極観測船当時に近い現在の姿

　巡視船になっても南極観測船からはさほど大きな改造はされず、保存に際して再現工事を施されているため、おおむね南極観測船当時の姿をとどめている。

　船内は操舵室、船長室、士官食堂、士官寝室、科員室（観測隊員室）、通信室、観測隊員食堂などがきれいに保存管理されて公開されているが、船倉と機関室（上部のみガラス窓越しに観察可）、舵取機室等は非公開となっている。

　また、赤道直下の灼熱地獄を少しでも快適に過ごすために備え付けられたアイスクリーム製造機も見ることが出来るのも面白い。このように3000トンにも満たない狭い船内には数多くの部屋が配置され、木製の艤装品も数多くあり、よくぞこんな小さな船で荒れ狂う暴風圏を超え、分厚い氷を割って

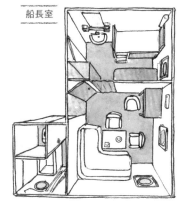

船長室

操舵室の真下にあり、接客をする公室と寝室に分かれている。船で唯一の専用の浴室とトイレを持った部屋であるが、南極観測船当時、観測隊長もよくここに湯に浸かりに来たらしい。

南極に行ったものだと何度この船を訪れても感動する。

　ちなみに取材のため案内していただいたこの宗谷の現在の船長はもと海上自衛隊の方で、砕氷艦ふじやしらせに乗り、南極地域観測協力行動に5回も行かれた経験の持ち主だった。いつか現代の南極観測航海のお話もゆっくり聞いてみたいものである。

宗谷

主要目（第4次南極観測航海当時）	1936年 川南工業香焼造船所建造
	総トン数2,736トン　全長83.3m　幅15.8m　航海速力11ノット
	乗組員数94名　観測隊員数36名　砕氷能力最大1.2m
	ゆりかもめ線東京国際クルーズターミナル駅下車徒歩1分　入館無料　毎週月曜日及び年末年始休館

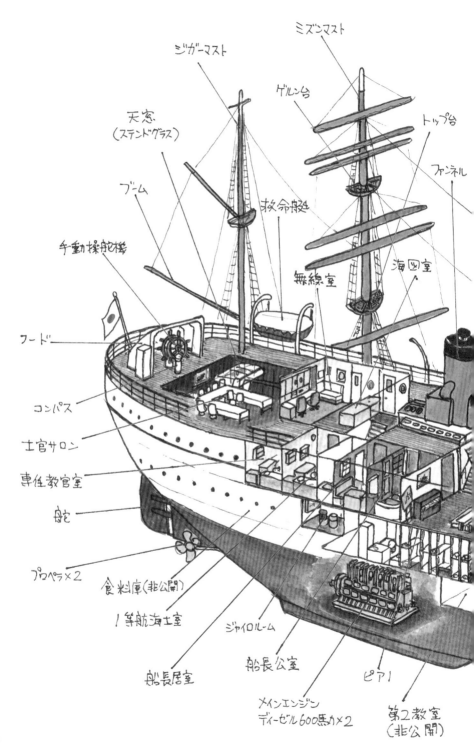

ミズンマスト

ジガーマスト

ゲルン台

トップ台

天窓
(ステンドグラス)

ファンネル

ブーム

救命艇

手動操舵機

海図室

無線室

フード

コンパス

士官サロン

専任教官室

舵

プロペラ×2

食料庫(非公開)

1等航海士室

ジャイロルーム

船長居室

船長公室

ピア1

第2教室
(非公開)

メインエンジン
ディーゼル600馬力×2

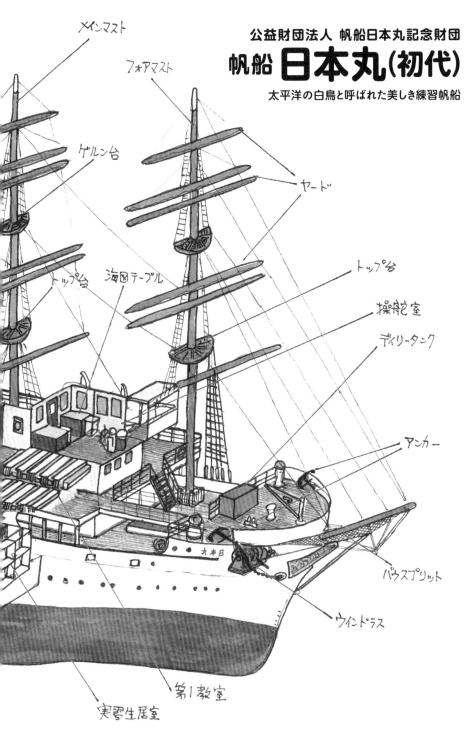

メインマスト

フォアマスト

公益財団法人　帆船日本丸記念財団

帆船 日本丸（初代）

太平洋の白鳥と呼ばれた美しき練習帆船

ゲルン台

ヤード

トップ台

海図テーブル

トップ台

操舵室

デイリータンク

アンカー

バウスプリット

ウィンドラス

日本丸

第1教室

実習生居室

143

船乗りを目指す若者の憧れとして

多くの観光客で賑わう横浜のみなとみらい地区もかつては横浜船渠と言われた造船所だった。

再開発にあたりいくつもあったドックの一部はそのまま保存され、その第1号船渠に注水し、浮かんだ状態で保存されているのがこの初代の4檣バーク型練習帆船、日本丸である。

1930年（昭和5年）、当時東京（大成丸）と神戸（進徳丸）の高等商船学校以外に大きな練習帆船を持たず、小型の練習船の海難が相次いでいた地方の商船学校のためにも日本中の船乗りの卵が乗れる安全で立派な船を造ろうと、文部省が姉妹船の初代海王丸とともに神戸の川崎造船所で建造した本格大型帆船で、当時世界最大クラス（諸説あります）と言われていた。

ミクロネシア、ポナペ島への初めての遠洋航海を皮切りに多くの実習生を乗せて練習航海を行っていたが、太平洋戦争の激化でそういった航海が出来無くなり、やがて船体はダークグレーに塗り替えられ、マストから全てのヤード（帆桁）が撤去され海王丸とともに東京湾での訓練や、瀬戸内海を中心とした石炭輸送に従事することとなった。

太平洋戦争をからくも生き延び、戦後は復員船、引き揚げ船として海外残留の日本人の輸送に従事、また南方8島遺骨収集航海にも従事した。そして1952年（昭和27年）、ついに帆装を復活、以来延べ183万キロ（地球45周半）を航海し、1万1500名の実習生を育てて、1984年（昭和59年）現在の2代目の練習帆船日本丸に道を譲って引退した。

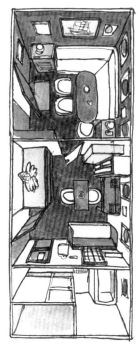

船長室

マホガニーの家具に囲まれた部屋で公室と寝室、浴室に分かれている。専用の浴室があるのはこの船長室だけ

引退後の彼女の保存に関しては日本中の多くの都市からラブコールを受け、最後は横浜市、神戸市、東京都が残り、最終的には本物のドック内に海水を張った、船として生きた状態での横浜の保存計画が決め手となりここに係留保存されることとなった。

ちなみに保存船としての公開当時はドックから先はそのまま海で、橋も架かっていなかったため、外に出て帆走のみではあるが航行が出来る平水区域限定の練習船として登録され、現在においてもその状態となっている。

しかし、みなとみらい地区が整備され、いつの間にか1号ドックは内陸に埋もれる形となり、水路は設けられているもののそこにはいくつかの橋が架かってしまい、海に出すのは難しい状況になってしまっている。

それでも船舶安全法の規定により5年に1回の定期検査と毎年の中間検査を行い、これまで3回ドックの水を抜いての乾ドック工事が行われている。最近では2019年（平成31年）に水が抜かれ20年ぶりに船底が姿を現して、私もその状況を見学に行ったが、その長年海水に浸かっていたとは思えないきれいな船底の外板に驚かされた。

綺麗に整備された船内

船内は検査時期を除いて有料にて一般公開されている。

乗船するとまず操舵室に上がる。現代の船に比べてあまりの狭さにびっくりするが、古式ゆかしい形の操船機器が整然と並べられて身の引き締まる気持ちがする。その後船首に向かうのだが、甲板に並べられたキャプスタンのトップの真鍮はどれもこれもやはりボランティアさんたちとスタッフの手によってピカピカに磨き上げられ、横浜の空を美しく映していてそれも必見だ。

上甲板からマホガニーの階段を降りて第2甲板に行くと実習生の居室が両舷に並んでいる。

途中ガラス越しに機関室を覗いたり、色々な部屋を見て回りながら再び上甲板に上がり、実習生の食堂も兼ねる第1教室に出る。ここはこの船でも一番広い部屋で片隅に置いてあるピアノが心を和ませてくれる。きっと腕に覚えのある実習生が弾いていたこともあるのだろう。

ここから右舷側の船長室や士官室を見ながら最後尾にある士官サロンに向かい、天井の日本丸の絵が鮮やかに描かれたステンドグラスを見て船内は終了。

最後にオレンジ色のボートが並び、チーク材の木目が美しい長船尾楼甲板に出て1時間ほどの見学を終えて下船となる。

ここでは年に十数回、帆を広げる総帆展帆（セイルドリル）や、国際信号旗を船首から各マストの頂部を経て船尾まで掲げる満船飾というイベントも行っておりそちらもぜひ見てほしい。また風のない夜にライトアップされた彼女の船体がドックの水面に美しく映る姿も見逃せない。

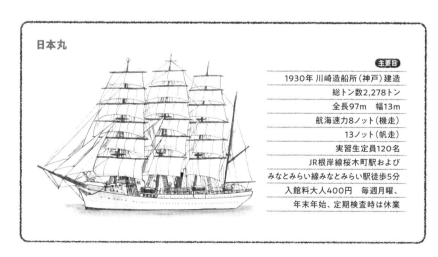

日本丸

主要目
1930年 川崎造船所（神戸）建造
総トン数2,278トン
全長97m　幅13m
航海速力8ノット（機走）
13ノット（帆走）
実習生定員120名
JR根岸線桜木町駅および
みなとみらい線みなとみらい駅徒歩5分
入館料大人400円　毎週月曜、
年末年始、定期検査時は休業

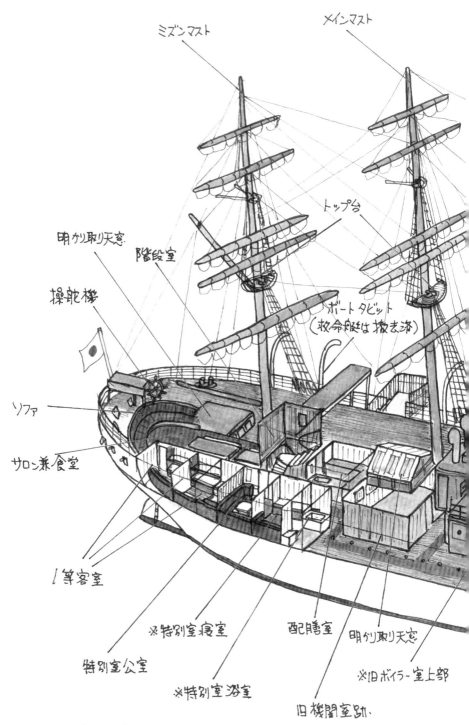

ミズンマスト

メインマスト

トップ台

明ケリ取り天窓

階段室

操舵機

ボートダビット
（救命艇は撤去済）

ソファ

サロン兼食堂

1等客室

※特別室寝室

配膳室

明ケリ取り天窓

特別室公室

※特別室浴室

※旧ボイラー室上部

旧機関室跡

146　※は非公開区域

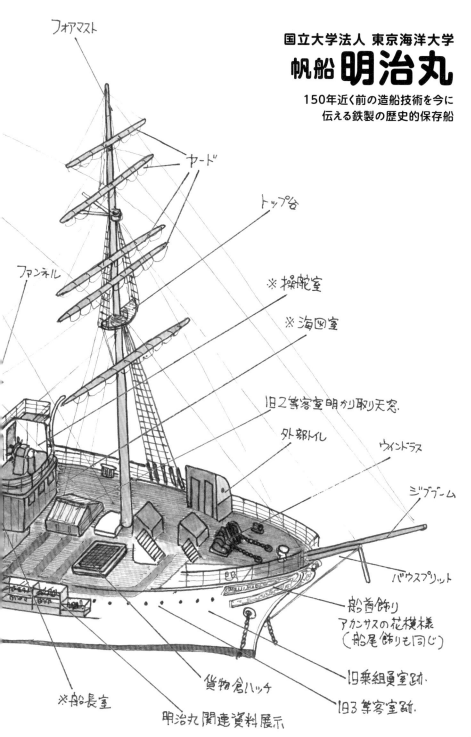

フォアマスト

ヤード

トップ台

ファンネル

※操舵室

※海図室

旧2等客室明かり取り天窓

外部トイレ

ウィンドラス

ジブブーム

バウスプリット

船首飾り
アカンサスの花模様
（船尾飾りも同じ）

旧乗組員室跡

旧3等客室跡

貨物倉ハッチ

※船長室

明治丸関連資料展示

147

日本の領土に大きく貢献

　現在、国際連合条約の規定により海に面している国は領海のほかに漁業や天然資源の採掘、科学調査などを他の国に邪魔されず、自由に行えるEEZ（排他的経済水域）と呼ばれる広い海域を持っている。これは領土からおよそ200海里（約370.4km）の範囲の海と規定されているが、細長い国土と数多くの島を持つ我が国のこの面積はなんと世界第6位！そしてその約30％が東京都の離島である小笠原諸島を起点としているとは案外知られていない。

　その小笠原諸島に向かう貨客船の発着場所から数キロしか離れていない場所に保存展示されている明治丸こそが、この東京から1000キロ以上離れた島々を日本領土にした立役者である。

　彼女はまだ江戸幕府が滅び、明治政府になったばかりの1874年（明治7年）に造船先進国のイギリスで完成、翌年に日本に回航され横浜にやってきた。

　日本全国の灯台を見回るための灯台巡視船という名目ではあったが、実際は当時の欧米の典型的な外航客船のスタイルを持ち、船体は鉄製、エンジンは2連成蒸気レシプロ2基プロペラ2軸（計画段階では外輪船だったらしい）という最優秀の新鋭船ということで日本政府において様々な用途に使用されることとなった。

　まず到着の翌年の1876年（明治9年）、ロイヤルシップとして明治天皇を乗せての北海道、東北方面の視察旅行（行幸）の任務を与えられ、その航海を無事に終えて横浜に戻ってきた日がのちに海の記念日（今の海の日）に制定されている。

　同年秋、イギリスとの間で小笠原諸島の領有権問題が勃発したため、すぐさま彼女が調査船として現地に赴き、同じく現地に向かったイギリスの軍艦よりも2日早く到着し測量したことによって、先にも述べたように正式に小笠原諸島が日本の領土と認められる基礎となった。

　その他にも数々の歴史的な航海を行ったのちに第一線から引退、1898年（明治31年）に本来の2本マストのスクーナー型から3本マストの本格的シップ型の帆船となり東京の商船学校（現在の東京海洋大学）で係留したままの練習船として使用された。

　その後の台風や関東大震災といった天災、そして太平洋戦争もなんとか耐え抜いたが、さすがに老朽化のため1954年（昭和29年）に練習船としての役目を終え船体を現在の地の陸上に固定、国の重要文化財にも指定され1989年（平成元年）からは保存船として一般公開されている。

大学構内での一般公開

　東京の越中島にある東京海洋大学に入ると広い青々とした芝生の海に浮かんでいるように明治丸は佇んでいる。見学は無料でボランティアの方にガイドしてもらえる。

　チーク材が敷き詰められた上甲板から船内に入ると、階段を下りて主甲板の後部にあるマホガニーの内装が美しい1等客室区域に案内してもらう。中央には長いテーブルがあり食事や会議が行われたようで、真上が天窓になっているのは建造当時、灯りが乏しかった室内を少しでも明るくするための工夫なのだろう。そのテーブルを取り囲む形で客室がずらりと並んでいるが1等客室と言ってもベッドとソファがあるだけの現在の

明治天皇御座所

公室、寝室、バスルームの3室に分かれた1等特別室。1988年に文化庁によりこの状態に修復された。

フェリーの2等個室並みの狭い空間のごく簡素なものである。そして最後部は船の後ろ側面に沿って大きくラウンドしてソファが配置された応接区画で狭いがちょっと豪華な雰囲気になっている。

この1等区画の少し前方のイラストのような右舷側に浴室、トイレ付きの特別室があり、明治天皇が乗船の際は御座所としても使用された。現在は、室内の板絵等を保

護する見地から内部には入れないが、通路側からガラス越しに公室を見ることができる。

さらにそこからかつてエンジンルームやボイラー室があった部屋を左手に見て前方に進むと、中央から船首にかけては広い展示室になっている。このあたり現役時代は客室や乗組員室が存在したはずなのだが、戦後かなり傷んだ状態で放置されていたのを修復した際に撤去されたのだろう。

階段で上甲板に上がると船首にウインドラスやキャプスタン、キセル型ベンチレーターといった艤装品が残されていた。

中央部の船室部分は2階建てで1階には船長室、海図室などがあり、2階は操舵室で操舵輪やマグネティックコンパスなどが残されているが残念ながら現在は公開されていない。

このように船内は明治時代の要素を残しているところは少なくなっているものの、そもそも建造から1世紀半近く経った鉄製の船舶がこうして現代に残っているというのは奇跡的なことだと思いながら私はいつもこの美しい船を訪れている。

明治丸

主要目	(建造当時)
1874年 イギリス	
ネビア造船所(グラスゴー)建造	
総トン数1,027.5トン	
全長68.6m　幅9.1m	
航海速力11.5ノット	
JR京葉線越中島駅から徒歩2分	
入館無料	
開館時間はホームページ参照	

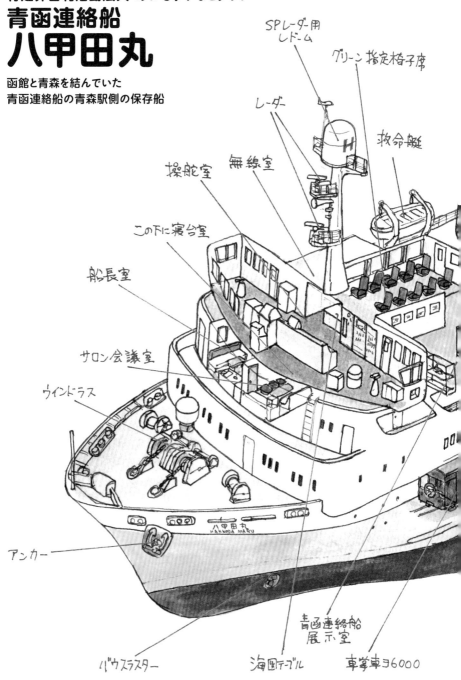

特定非営利活動法人 あおもりみなとクラブ
青函連絡船
八甲田丸
函館と青森を結んでいた
青函連絡船の青森駅側の保存船

SPレーダー用
レドーム

グリーン指定格子席

レーダー

救命艇

操舵室

無線室

この下に寝台室

船長室

サロン会議室

ウインドラス

アンカー

バウスラスター

海図テーブル

青函連絡船
展示室

車掌車ヨ6000

150

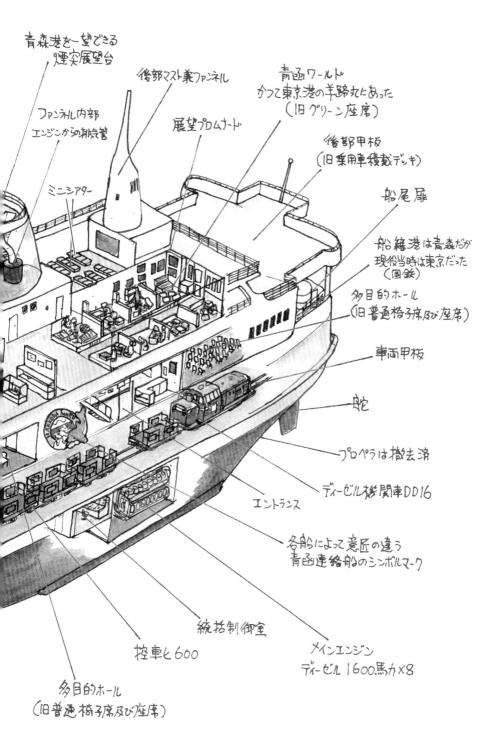

青森港を一望できる
煙突展望台

後部マスト兼ファンネル

ファンネル内部
エンジンからの排気管

展望プロムナード

青函ワールド
かつて東京港の羊蹄丸にあった
（旧グリーン座席）

ミニシアター

後部甲板
（旧乗用車積載デッキ）

船尾扉

船籍港は青森だが
現役当時は東京だった
（国鉄）

多目的ホール
（旧普通椅子席及び座席）

車両甲板

舵

プロペラは撤去済

ディーゼル機関車DD16

エントランス

各船によって意匠の違う
青函連絡船のシンボルマーク

統括制御室

控車ヒ600

メインエンジン
ディーゼル 1600馬力×8

多目的ホール
（旧普通椅子席及び座席）

151

長い歴史の青函航路

津軽海峡冬景色の歌でも有名な、かつての国鉄の青函連絡船。その歴史は1908年（明治41年）の日本国有鉄道のルーツである帝国鉄道庁の比羅夫丸就航から始まる（民間による函館青森航路は既に存在した）。

当時はまだ函館、青森両港とも港湾施設の未整備から接岸できる桟橋が無く、乗客や鉄道貨物の輸送は小型船や艀に頼っており、鉄道車両を積むことは全く出来なかったが1925年（大正14年）の日本最初の客載貨車渡船である翔鳳丸の就航により同航路の鉄道車両航送の基礎ができた。

その後、太平洋戦争や1954年（昭和29年）の洞爺丸台風で多くの船舶を失いながらも多数の連絡船を就航、客貨船（国鉄用語、一般的には貨客船）としては最終型（貨物船としては1977年の石狩丸が最終型）である1964年（昭和39年）の

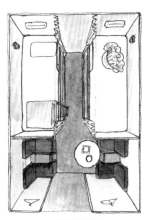

寝台室

定員4名の個室。飾り毛布が置かれた4人用のベッドとソファが備えられ、各船に5室ずつが存在した。当時の料金は片道大人1名普通運賃プラス2400円

津軽丸（2代目）の就航でそのピークを迎え、最盛期は1日最大30往復が行われた。

しかしながらその後の航空路線やフェリー網の発達により利用客は減少の一途をたどり、1988年（昭和63年）の青函トンネル開業でこの連絡船はその80年の歴史に幕を下ろした。

この八甲田丸はその津軽丸型7隻姉妹船の次女にあたり、歴代の青函連絡船では最も長い23年7か月間にわたって運航された。

その後、退役後は1990年（平成2年）から青森駅北側の青函連絡船第2岸壁跡地に「青函連絡船メモリアルシップ八甲田丸」として保存され、現在に至っている。

鉄道マニアも楽しめる船内

青森駅を降りて、海の方に向かって歩くとその鮮やかなイエローの船体が目に入る。船と駅を結ぶ線路が残る可動橋の向こうに彼女の船尾扉が見え、当時の状況をほうふつとさせる。

左舷の乗降口から、船腹に飾られた青函連絡船70周年のシンボルマークを横目に船内に入るとまず、当時寝台室に使われていた飾り毛布の展示が目についた。そのわきの階段を昇ると、昭和30年代の青森駅周辺を再現した青函ワールドがある。ここはかつてグリーン座席だったところで、東京港で保存されていた羊蹄丸の船内にあった展示の一部を移設している。途中で青函連絡船のビデオが見られるミニシアターを通過しつつ、青函ワールドを抜けると青函連絡船の模型や資料がずらりと並んだ青函連絡船展示室になる。

この右舷側の一部は就航当時のグリーン

指定椅子席が一部であるが保存公開されていて、実際に往時の座り心地を試してみることが出来るのは嬉しい。ただし、残念ながらカーペット敷きの大部屋である普通座席は保存されていない。

　ここからさらに進むとイラストのような個室や船長室、サロン会議室などがずらりと並び、階段を上がる最上部の航海甲板に出る。操舵室や無線通信室を見たあと、後方に向かうと第1ファンネル頂部が展望台になっていて青森港が一望に出来、このファンネルの内部のエンジンルームからの排気管がそのまま残っているのも見逃せない。

　操舵室近くからエレベーター（保存時に設置）で一気に1階の車両甲板まで降りると、当時の国鉄の色々な車両が展示されて鉄道ファンならずとも楽しめる。

　雰囲気は普段見慣れたカーフェリーの車両甲板と似ているが、床に4列の線路が敷かれている事で彼女が鉄道連絡船であることを再認識させられる。この車両甲板の一般公開は函館の摩周丸では行われておらず、世界的にもかなり珍しいものなので必見。ただし保存車両の中で特急型気動車キハ82は実際には安全上の理由から積み込まれることはなかったらしい。また普通のフェリーのように乗客をのせた客車がそのまま車両甲板に入り、そこから乗客が下車して上の客室に入るということもあり得なかった。

　さらにここから階段を下に降りると8基あるメインエンジンのうち4基を見ることのできる第1主機室に入る。小さなエンジンが8基もあるのは車両甲板が真上にあって天井の高さに制約があり大きなエンジンを積めないのとエンジントラブルによる運休や時刻遅れなどのリスクを回避するのが大きな理由だと言われている。

　さらにこの奥に進むと現代の同等サイズの船より圧倒的に広い機関制御室（統括制御室）と発電機室がある。

　このように色々と楽しめる八甲田丸だが、この周囲一帯も広い公園になっていて、戦没した連絡船の碑や保存船となった際に外された八甲田丸のプロペラ、津軽海峡冬景色の歌碑などが点在する観光地でもあるので、青森を訪れたらぜひ訪ねていただきたい。

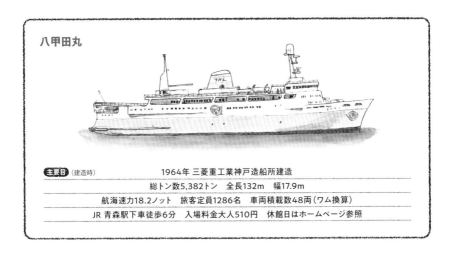

八甲田丸

主要目 (建造時)	
1964年 三菱重工業神戸造船所建造	
総トン数5,382トン　全長132m　幅17.9m	
航海速力18.2ノット　旅客定員1286名　車両積載数48両(ワム換算)	
JR 青森駅下車徒歩6分　入場料金大人510円　休館日はホームページ参照	

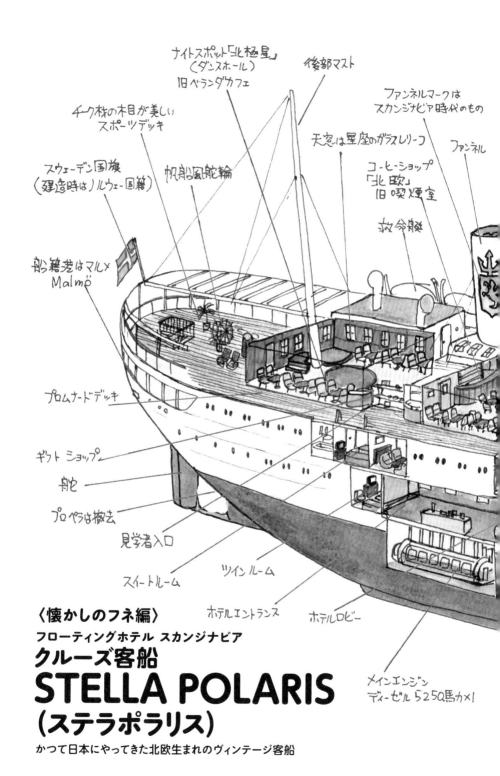

ナイトスポット「北極星」
（ダンスホール）
旧ベランダカフェ

後部マスト

ファンネルマークは
スカンジナビア時代のもの

チーク材の木目が美しい
スポーツデッキ

天窓は星座のガラスレリーフ

ファンネル

スウェーデン国旗
（建造時はノルウェー国籍）

帆船風舵輪

コーヒーショップ
「北欧」
旧喫煙室

船籍港はマルメ
Malmö

救命艇

プロムナードデッキ

ギフトショップ

舵

プロペラは撤去

見学者入口

ツインルーム

スイートルーム

ホテルエントランス

ホテルロビー

〈懐かしのフネ編〉
フローティングホテル スカンジナビア

クルーズ客船
STELLA POLARIS
（ステラポラリス）

かつて日本にやってきた北欧生まれのヴィンテージ客船

メインエンジン
ディーゼル 5250馬力×1

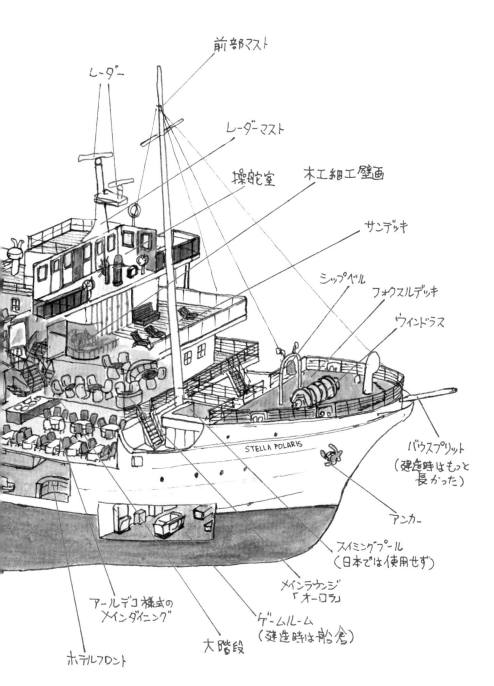

前部マスト

レーダー

レーダーマスト

操舵室

木工細工壁画

サンデッキ

シップベル

フォクスルデッキ

ウインドラス

STELLA POLARIS

バウスプリット
（建造時はもっと
長かった）

アンカー

スイミングプール
（日本では使用せず）

メインラウンジ
「オーロラ」

アールデコ様式の
メインダイニング

ゲームルーム
（建造時は船倉）

大階段

ホテルフロント

155

現在のクルーズ客船の
ルーツというべき船の誕生

　霊峰富士を真正面に臨める波静かな駿河湾の最奥地、沼津市の南、西浦の入り江にかつて1隻の北欧生まれの美しい客船が36年もの長きにわたって停泊し、公開されていたのをご存じだろうか?

　彼女の名は、ステラポラリスStella Polaris……英語だとポーラースターを意味するラテン語で、すなわち北極星のことである。

　1927年、スウェーデンの地でノルウェーの船社の注文で建造されたロイヤルヨットタイプの小型客船で、まだ客船と言えば定期航路の船ばかりだった時代にごく珍しかった（諸説あります）クルーズ専用船であった。

　乗客は欧州各国の富裕層で1等のみのワンクラス……社交室、喫煙室、大食堂などの公室は本場北欧の超一流家具でしつらえられ、床や壁にも高級木材をふんだんに使ったインテリアは贅を極めたものだった。

　就航後は美しいノルウェーのフィヨルドクルーズや地中海クルーズ等から、冬場は暖かい南半球をまわる世界一周クルーズなど華々しく活躍していたが、やがて第二次世界大戦が勃発してナチスドイツに接収された彼女は潜水艦Uボート士官のための休息施設や補給艦として使われた。しかし運よく戦禍は免れることが出来、戦後は元の船社に復帰し、ドイツ時代に痛められたインテリアを元通りに修復して再びクルーズに乗り出した。

引退……そして日本へ

　その後、1952年に生まれ故郷のスウェ

ーデンの船社に売却、スイミングプールやダンスホールなどの増設工事を行って近代化を図ったが、寄る年波にはかなわずに引退。1969年（昭和44年）に彼女は熱烈なラブコールを得て、遠い極東の我が国に売られていった。

　来日するとすぐに横浜の浅野造船所でプロペラが撤去され、浮かぶホテルとしての改造工事がなされ、沼津の地に回航される。そして「フローティングホテル スカンジナビア」として1970年（昭和45年）に開業した。

　街から遠く離れた彼女への徒歩でのアクセスは決してよくなかったがモータリゼーションの発達で遠方からも多くの観光客が自動車でこの美しい船をひと目見ようと押し寄せ、大賑わいをみせた。

　私も開業から1年後の夏、沼津港から連絡船に乗って最寄りの三津の港から歩いて訪船し、その外観の美しさとインテリアの素晴らしさに「これがヨーロッパの超一流客船か!」と感動したのをはっきりと記憶に残している。

　やがて月日は経ち、彼女の目の前の道を通らずにショートカットするトンネルが出来たこともあって、次第に客足は遠のいてゆく。

衝撃の和歌山沖での終焉

　そしてオーナー企業グループの事業見直しにより赤字続きだったホテル部門は廃止され、浮かぶレストランとなるが、2005年（平成17年）には全ての営業が停止され、彼女は売りに出されてしまった。

　地元で長年にわたって愛され続けた船であったため、近くのカフェでの存続運動も起き、私もその署名に参加したが叶わず、1年後の2006年（平成18年）にスウェー

デンの会社に売却され、回航される途中の和歌山潮岬沖で沈没して79年の生涯を終えている。

　私もこの美しい船が本当に好きで、スキューバダイビングやドライブ等で西伊豆を訪れるたびに帰途に何度も立ち寄り、念願かなって1992年（平成4年）に一度だけ宿泊も果した。

　その時のメインレストランでの食事は本場北欧料理が供されるスモーガスボードと呼ばれる伝統のビュッフェ形式のもので、とても美味しく、北欧の高級調度品、エッチンググラスの施されたラウンジの窓、ダンスホールの天井のステンドグラス等どれもこれも素晴らしいものであった。

　解剖図は停泊場所のすぐ近くの存続運動の署名活動の拠点となったカフェレストラン「海のステージ」さんの中にある「ステラポラリス資料館」で資料を見せていただき、自分の記憶を蘇らせつつ描いたもので、クルーズ客船として就航中の姿ではないことをご承知おき願いたい。

　衝撃の回航途中の沈没から15年以上

が経過、地元の人たちからも船ファンの間からも記憶が薄れつつあったが、最近ではこの周辺が人気アニメの舞台となり、そのミュージッククリップで彼女そっくりの船が登場したこともあって再び脚光を浴びてきている。

　もしこの本を読んで興味を示された方がいたらぜひこの地を訪れて、その美しい風景とともに彼女がここに錨を下ろしていたころに思いを馳せていただきたい。

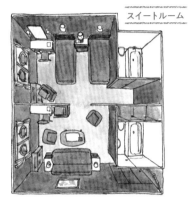

スイートルーム

バスルームが2つあることから通常の部屋として2部屋で使うことも想定していたと考えられる。お風呂は欧米風の猫足タイプだったと記憶しているが残念ながら写真はない。

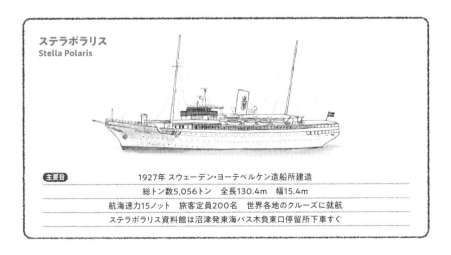

ステラポラリス
Stella Polaris

主要目	
1927年 スウェーデン・ヨーテベルケン造船所建造	
総トン数5,056トン　全長130.4m　幅15.4m	
航海速力15ノット　旅客定員200名　世界各地のクルーズに就航	
ステラポラリス資料館は沼津発東海バス木負東口停留所下車すぐ	

取材協力会社及び団体（50音順、敬称略）

特定非営利活動法人 あおもりみなとクラブ	東海汽船株式会社
伊豆諸島開発株式会社	国立大学法人 東京海洋大学 明治丸海事ミュージアム
株式会社磯前漁業所	独立行政法人 海技教育機構
井本商運株式会社	公益財団法人 日本海事科学振興財団 船の科学館
有限会社MCネットワーク（カフェ 海のステージ）	公益財団法人 日本海事広報協会
岡山県済生会	日本郵船氷川丸
オホーツク・ガリンコタワー株式会社	公益財団法人 帆船日本丸記念財団
公益財団法人 海技教育財団	滋賀県立びわ湖フローティングスクール
国立研究開発法人 海洋研究開発機構 JAMSTEC	双葉汽船株式会社
神奈川県立海洋科学高等学校	一般社団法人 横浜港振興協会
株式会社共勝丸	両備国際フェリー株式会社
熊本フェリー株式会社	株式会社ロイヤルウイング
一般社団法人 グローバル人材育成推進機構	
株式会社神戸クルーザー	
神戸ベイクルーズ株式会社	
JR九州高速船株式会社	
ジャンボフェリー株式会社	**参考文献**（50音順 敬称略）
商船三井客船株式会社	「スポットガイドBOOK青森・函館」すぎおとひつじ 著
商船三井フェリー株式会社	「橘丸」西村慶明 著　有限会社モデルアート社
神新汽船株式会社	「南極観測船 宗谷」船の科学館資料ガイド
株式会社新日本海洋	「にっぽん全国たのしい船旅」イカロス出版株式会社
株式会社シーライン東京	「にっぽんの客船タイムトリップ」INAX出版
瀬戸内海汽船株式会社	「氷川丸」日本郵船歴史博物館
太平洋フェリー株式会社	「明治丸史」東京商船大学

おわりに

少年時代に大いに影響を受けた、船のイラストレーターの故 柳原良平氏がその著書で描かれていたデフォルメされた船の断面図、そして古くから客船のパンフレット等に載っているような俯瞰の詳細カットアウェイイラスト… その二つを融合させてデフォルメしながらも分かりやすい俯瞰イラストを船体解剖図と称して描きはじめたのが2年前… 以来、乗客として乗ったり、伝手で船内見学をさせてもらったりするたびに描いていった絵がいつのまにか十数枚溜まり、これをなんとか画集として世に出すことは出来ないかと出版社にお願いした結果、こうしてかたちにしてもらえました。

折から襲ってきたコロナウイルスの感染拡大の影響で取材が困難になり、中には実際に船内に入っての取材が出来ず、オンラインによるリモート取材を行ってなんとか描き上げた船も数隻ありましたが、本当に数多くの海運会社、関係諸団体、船の船長をはじめとした乗組員の皆様の心温まるご協力のおかげと深く感謝しております。

特に船内を案内してくださった各船の船長さんの懇切丁寧な解説を拝聴していると「ああ、みなさん自分の船を心底愛しておられるのだなあ」とつくづく感じました。しかしなぜ、それまで船内各所を気軽に見せてくれていたのに、最後に「船長の部屋を見せてください！」と言うと「え？…ち、ちょっと、それは…その…」と答えられるのか不思議ではありますが…（笑）

なにはともあれ、港内だけを走る小型船から数万トンの大型船まで、明治時代の船から最新鋭の船まで、ある程度バリエーションを豊かにチョイスして無事36隻を描くことが出来たかなと思っております。

日本は周囲を海で囲まれた島国で、その間を行き来している船というものは国内貨物輸送量の4割以上、産業基礎物資に限って言えば9割近くを扱っている（2020年現在）、経済性、効率性の高い乗り物でありながら、日夜安全に運航してくれている船員さんの不足は年々深刻なものになっています。

列車や自動車と違って日ごろ目にする機会の少ない、この素晴らしき乗り物のことをこの本を通じて少しでも知っていただき、船に関わる人が増えてくれることを心より祈っております。

著者プロフィール
プニップクルーズ／中村辰美
船舶専門のイラストレーター、画家
1957年（昭和32年）東京生まれ、東京育ち、二十代の数年間を兵庫県西宮市で過ごす。
船旅愛好家として川下りの舟からクルーズ客船まで年間40〜50隻の船に乗っているが、船酔いには決して強いほうではない。
中学生のころ、家族で出かけた伊豆大島までの船旅で船の魅力に取り憑かれる。それ以来、外国の大きな客船を見たくて横浜港や東京港に通いまくり、さらには船のイラストレーターとしてのパイオニアである故 柳原良平氏の著書に感銘をうけて船の絵を描き始めた。
高校時代にはアルバイトで貯めたお金で夜行の定期客船やフェリーに寝泊まりして、日本中を旅して回るという貧乏旅行や、一泊ではあるが初代「にっぽん丸」のクルーズまで楽しんでいた。
家庭の事情から美大ではなく一般大学に進学したため絵は独学で、一般の企業に就職してからは忙しさのあまり船や絵から少し遠ざかっていたが、インターネット時代になって再燃。
会社員生活の傍ら趣味でブログやSNSに自作の船の絵を投稿しているうちに船好きの方々や海運、港湾業界から認められるようになり、2018年（平成30年）に独立して現在に至っている。
画材は主に透明水彩絵の具やアクリル絵の具だが、油彩画や色鉛筆画、切り絵、デジタル画、ウッドバーニングアート（焼き絵）と様々な画材を使用し、画風も本格海洋画からデフォルメイラストまで多岐にわたっている。
作品はクルーズ客船のギフト商品、海事関係の団体の広報誌の表紙やノベルティグッズ、レストラン船やフェリーのパンフレット、船旅雑誌等のイラスト記事、船内航路表示ディスプレイのアイコンなどに採用され、東京海洋大学やクルーズ客船の船内での水彩画教室も実施。年に一度、横浜で個展を開催している。
また子どもたちにも船に親しんでもらいたくて客船キャラクターの「クルポン」を考案した。
創作用ネームのプニップクルーズ PUNIP cruises は副業禁止だった会社員時代に隠れ蓑として考えたもので、「プニップ」とは昔、長男が子供時代に飼っていたハムスターの名前。
日々の活動は主にTwitter（@punipcruises）にて発信中
公式ウェブサイトは www.punipcruises.com

船体解剖図
2021年10月5日 発行
2022年5月20日 第3刷発行

著者
プニップクルーズ／中村辰美

デザイン
岩崎圭太郎

発行人
山手章弘

発行所
イカロス出版株式会社
〒101-0051
東京都千代田区神田神保町1-105
出版営業部 03-6837-4661

印刷・製本
図書印刷株式会社